职业院校教师信息化教学能力提升培训丛书

U0747849

信息化教学素养

湖南省教育科学研究院·湖南省教育战略研究中心 编著

XINXIHUA

JIAOXUE SUYANG

中南大学出版社
www.csupress.com.cn

·长沙·

内容简介

本书是"职业院校教师信息化教学能力提升培训丛书"之一，旨在提升教师的信息化教学素养。内容包括认识信息化教学环境、认识信息化学习方式、认识信息化教学资源、认识信息化教学方法、解析信息化教学过程、实施信息化教学管理等。

本书配套 MOOC 课程，通过本教材中对应章节中的二维码，读者能学习在线视频课程，进行在线练习。

本书适合作为提升教师信息化教学能力的培训教材，也可作为广大教育工作者的参考用书。

图书在版编目（CIP）数据

信息化教学素养／湖南省教育科学研究院·湖南省教育战略研究中心编著. —长沙：中南大学出版社，2020.3

ISBN 978 – 7 – 5487 – 3988 – 3

Ⅰ.①信… Ⅱ.①湖… ②湖… Ⅲ.①计算机辅助教学—教学研究 Ⅳ.①G434

中国版本图书馆 CIP 数据核字（2020）第 036764 号

信息化教学素养

湖南省教育科学研究院·湖南省教育战略研究中心　编著

□责任编辑	周兴武
□责任印制	周　颖
□出版发行	中南大学出版社
	社址：长沙市麓山南路　　　　邮编：410083
	发行科电话：0731 – 88876770　　传真：0731 – 88710482
□印　　装	长沙雅鑫印务有限公司

□开　　本	787 mm×1092 mm 1/16	□印张 10.5	□字数 269 千字
□版　　次	2020 年 3 月第 1 版	□2020 年 3 月第 1 次印刷	
□书　　号	ISBN 978 – 7 – 5487 – 3988 – 3		
□定　　价	32.00 元		

总序

Preface

我国教育信息化已进入 2.0 时代。随着信息技术与教育教学的深度融合，教学环境、教学资源、教学模式、教学管理发生了深刻的变化。教育信息化手段和方法的不断创新，特别是将数字媒体、互联网、大数据、人工智能等新一代信息技术融入教育教学工作的方方面面，打破了传统教学中时间与空间的限制，更加注重学习者的自主性、学习内容的丰富性和教学过程的高效性。如何推动职业院校教师充分利用信息化教学手段，推动教育教学改革，提高教育教学质量，已成为职业院校教师素质提升的重要课题。

面对日新月异的信息技术和信息技术与教育教学深度融合带来的教学模式的变化，作为职业教育的教师，在深入学习和研究本专业知识与技能、积累教学经验和实践经验的同时，还必须转变教学观念，掌握新型教学方法，具备信息查找能力、信息筛选能力、信息编辑能力、信息再造能力、信息运用能力，以及信息技术与教育教学结合的能力，努力提升自身的信息化教学素养、信息化教学技能、信息化教学设计和实施水平。为此，湖南省教育科学研究院组织教育教学和信息化技术专家，开展了"职业院校教师信息技术应用能力提升研究与实践"课题研究，历时三年，开发了一套基于 MOOC 平台的职业院校教师在线信息化教学能力培训系列课程和基于项目案例的线下实战训练课程，并在全省范围内开展信息化教学能力提升培训，取得了良好的效果。

通过多年的研究和实践，我们推出这套"职业院校教师信息化教学能力提升培训丛书"，丛书共分三册，即《信息化教学素养》《信息化教学技能》《信息化教学设计》，每册都配有大量的在线微课、练习和案例供读者学习和训练，并与线下"信息化教学实施"培训课程配套，形成适合职业院校教师的、集自学训练和课程实践于一体的信息化教学能力培训资源体系。其中，《信息化教学素养》从认知论角度，按教育信息化之教学素养知识逻辑设置章节，通过对信息化教学的认知、教学模式和方法的理解、教学手段和实效的认同性学习，提升教师的信息化教学意识和运用的自觉性。《信息化教学技能》从技术论角度，按教育信息化之教学技术能力逻辑设置章节，通过对信息化教学操作技能的学习和训练，提升教师的信息化教学工具的操作技能和运用能力。《信息化教学设计》从教学论角度，按教育信息化之教学设计方法逻辑设置章节，通过教育信息化课程案例的教学分析和课程重构设计的学习和训练，提升教师的信息化教学课程开发和设计能力。

"职业院校教师信息化教学能力提升培训丛书"的撰写，得到了湖南省教育厅、市州教（体）育局和部分职业院校及广大教师的大力支持，他们在丛书的编写过程中，提供了很多很好的案例、建议和指导，在此表示衷心的感谢。

我们由衷地希望本套丛书能够帮助广大职业院校教师提高教育信息化能力，提升课程信息化教学水平，提高课堂信息化教学质量，打造一大批职业教育"金课"，为新时代职业教育创新发展贡献微薄之力。

丛书编委会
2020 年 3 月

目录

Contents

第 1 章
认识信息化教学环境

🖥 【教学情境】

　　教育信息化进入了 2.0 时代,教学环境从传统的媒体教学升级到"互联网＋"和"人工智能＋"的现代化教学环境,教师可以通过在线教学平台对教学对象进行教学内容、教学活动全程指导,学生可以通过线上线下互动学习和交流使学习更加具有针对性、适时性和有效性,从而进一步提高课程教学的效益。由于信息技术的不断进步和现代教育技术的不断创新,教学内容呈现方式和教学手段的不断改进,信息技术与教育教学的深度融合使我们的教学环境发生了根本性的变化,传统教室从多媒体教室升级到了智慧教室;传统课程从纸质教材、教具和教学资源形式升级到了数字化、可视化和智能化;传统教学活动和教学管理从人工管理升级到了平台化、软件化和大数据分析。老师必须充分认识、理解和掌握这些信息化教学环境,才能根据课程教学特点,充分发挥信息化教学环境和工具的作用,增强课堂吸引力,提高课堂效果。

☞ 【解决方案】

　　作为一个职业院校的老师,在教学上选择合适的信息化教学环境并充分发挥信息化技术的优势,是一项必备的技能,也是开展信息化教学的前提。为更好地掌握该项技能,首先,我们要认识多媒体教学环境、网络化教学环境、虚拟仿真教学环境、远程实时互动教学环境和理实一体教学环境等,并了解这些教学环境中主要设备的组成、功能、用途和特点(图 1-1-1)。其次是能够根据课程内容特点和教学需求,选择合适的信息化教学环境,发挥信息化教学环境的优势,提高教学效果。

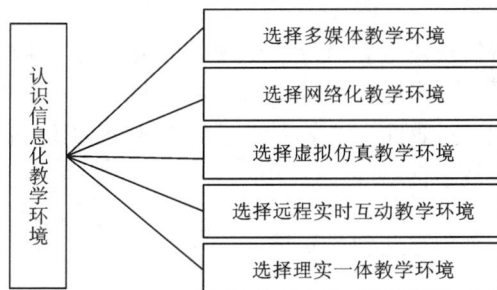

图 1-1-1　认识信息化教学环境任务分解图

【能力目标】

知识目标：能够运用信息技术和教育技术知识，识别多媒体教学环境、网络教学环境、虚拟仿真教学环境、远程实时互动教学环境和理实一体教学环境。

技能目标：能够根据教学的要求，选择、组织和运用不同的信息化教学环境。

素养目标：能够根据教学要求，自觉运用信息化教学环境开展教学活动。

任务1.1　选择多媒体教学环境

【任务描述】

李老师是一名职业院校的语文老师，有丰富的教学经验。在给学生讲授《荷塘月色》这篇经典散文时，以前他都是使用传统的教学环境解析这篇课文，使出浑身解数，但学生很难理解文章的优美意境，很难体会月下荷塘的美，也很难体会作者在白色恐怖社会背景下的苦闷彷徨的心境。现在，他想利用多媒体教学环境开展课堂教学，于是搜索了许多与《荷塘月色》相关的音视频资源。在开展课堂教学时，就播放《荷塘月色》视频，使学生能聆听朗诵家的诵读，欣赏幽美的荷塘月色，充分调动学生的各个感官，使学生身临其境，学好这篇经典散文。为达到上述效果，李老师将如何选择合适的教学环境呢？

【任务资讯】

1. 信息化教学

信息化教学，就是指教育者和学习者借助现代教育媒体、教育信息资源和方法进行的双边活动。它既是师生运用现代教育媒体进行的教学活动，也是基于信息技术在师生间开展的教学活动。

信息化教学是与传统教学相对而言的现代化教学的一种表现形态，它是在现代教学理念的指导下，重视现代信息技术，如计算机及多媒体技术、计算机网络技术、虚拟仿真技术、卫星通信技术等，充分利用现代教育技术手段，应用现代教学方法，调动多种教学媒体、信息资源，构建良好的教学与学习环境，并在教师的组织和指导下，充分发挥学生的主动性、积极性、创造性，使学生能够真正成为知识、信息的主动建构者，从而达到良好的教学效果的一种教学活动。

2. 信息化教学环境

教学环境是学校开展教学活动所必需的客观条件和力量的综合。信息化教学环境，是指以信息技术和信息设备为主要手段建立起来的，主要为教学活动提供信息和信息技术服务的教学场所、教学设施和氛围等，是以信息为主要特征的现代化教学环境系统。随着网络技术的迅速发展，信息化教学环境一般以计算机网络为基础，通过提供丰富的信息资源、快速的信息交流、高效的信息处理、方便的信息开发应用平台等技术支持和服务，为学校以教学为中心的各项工作创造现代化的信息条件和信息氛围，促进全体人员树立信息意识，积极开发、利用信息和信息技术，为教学、科研和管理工作服务。

　　根据使用信息技术设备类型的不同，目前常用的信息化教学环境有多媒体教学环境、网络教学环境、虚拟仿真教学环境和实景教学环境。

3. 多媒体

　　多媒体(Multimedia)是指多种媒体的综合，一般包括文本、声音和图像等多种媒体形式。

4. 多媒体教学环境

　　多媒体教学环境是指实现多媒体教学的软件、硬件环境。这里的软件是指支撑多媒体教学的系统软件、应用软件和教学用课件等。常用的系统软件有 Windows 操作系统、Linux 操作系统等。常用的应用软件有 OFFICE 办公软件、Photoshop 图像处理软件、会声会影视频处理软件等。教学课件非常多，针对老师承担的课程，老师可以根据需要开发一些教学课件用于辅助教学，如承担计算机应用课程的老师，为提高教学效果，可开发该课程的电子课件。这里的硬件是指一些多媒体教学设备，如多媒体计算机、投影仪、投影幕等。

【任务实现】

1.1.1　认识多媒体教学常用设备

　　多媒体教学设备通常部署在多媒体教室中，目前各个职业学校普遍配备了多媒体教学设备。常用的多媒体教学设备有多媒体计算机、投影仪、投影屏幕、交互式电子白板、数字视频展示台、中央控制系统以及音响设备等，有些条件好的学校甚至配备了大尺寸触控一体机。要使这些设备充分发挥效果，首先需要老师们熟悉这些设备。

1. 多媒体计算机

　　多媒体计算机是多媒体教学环境中的核心设备之一，教学课件部署在多媒体计算机上并且在多媒体计算机系统中运行。多媒体计算机配置的好坏会影响到教学课件运行的效果。多媒体计算机可以是台式机，也可以是笔记本电脑。

　　现在计算机已经发展成了一个拥有强大的多媒体信息处理和网络传输功能的机器。从外观上看，计算机主要由主机、显示器、键盘和鼠标等组成，如图 1 - 1 - 2 所示。

　　(1)主机

　　主机是指计算机硬件系统中用于放置主板及其他主要部件的容器。通常包括 CPU、内存、主板、硬盘、光驱、电源以及其他输入输出控制器和接口，如 USB 控制器、显卡、网卡、声卡等。

　　①CPU(central processing unit，中央处理器)是计算机的运算和控制核心。它的功能主要是解释计算机指令以及处理计算机软件中的数据。

　　②内存分为 RAM(random access memory，随机访问存储器)和 ROM(read only memory，只读存储器)。RAM 用于存放计算机在运行过程中的临时数据，ROM 用于存放计算机需要固化的数据。

　　③主板是计算机中最大的一块多层印刷电路板，主机中各个配件都需要安装在主板上。

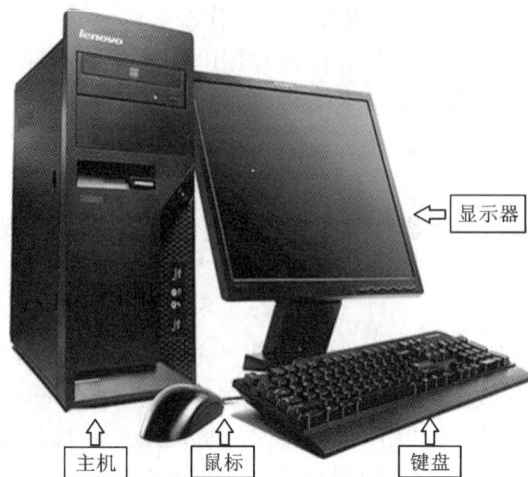

图1-1-2　多媒体计算机

④硬盘是计算机中存储数据的载体，如操作系统、应用程序、用户数据等文件都存储在硬盘上。

⑤光驱是读取光盘资料的硬件设备。

⑥电源是为主机箱中的各个配件提供所需要的电力。

⑦显卡是进行数模信号转换的设备，承担输出图形的任务。同时显卡还有图像处理能力，可协助 CPU 工作，提高计算机的运行速度。目前大多数显卡集成在主板上。

⑧网卡用于传输网络数据，实现了计算机之间的网络连接。目前大多数网卡集成在主板上。

⑨声卡是实现声波/数字信号相互转换的一种硬件。目前大多数声卡集成在主板上。

（2）显示器

显示器是计算机的输出设备，主要用于输出计算机的信息。

根据制造材料的不同，显示器可分为阴极射线管显示器（CRT）、液晶显示器（LCD）、等离子显示器（PDP）等，如图 1 - 1 - 3 所示。

(a) 阴极射线管显示器　　　　　　(b) 液晶显示器　　　　　　(c) 等离子显示器

图 1 - 1 - 3　不同类型显示器

①阴极射线管显示器具有可视角度大、无坏点、色彩还原度高、色度均匀、可调节的多分辨率模式、响应时间极短的优点，但体积比较大，占用空间大，不易于携带，辐射也比较高，现在基本淘汰。

②液晶显示器机身薄，占地小，辐射小，给人以一种健康产品的形象，目前使用很广泛。

③等离子显示器是采用了近几年来高速发展的等离子平面屏幕技术的新一代显示设备，具有高亮度和高对比度、纯平面图像无扭曲、超薄设计、超宽视角和环保无辐射的优点，代表了未来计算机显示器的发展趋势。

（3）键盘

键盘是最常用也是最主要的输入设备，通过键盘可以将英文字母、数字、标点符号等输入到计算机中，从而向计算机发出命令、输入数据等。

（4）鼠标

鼠标是计算机的一种输入设备，也是计算机显示系统纵横坐标定位的指示器。

2．投影仪

投影仪，又称投影机，是一种可以将图像或视频投射到幕布上的设备，可以通过不同的接口同计算机、VCD、DVD、BD、游戏机、DV等相连接并播放相应的视频信号，被广泛应用于家庭、办公室、学校和娱乐场所。

（1）性能指标

投影仪的性能指标是区别投影仪档次高低的标志，主要有以下几个性能指标。

1）亮度（brightness）

投影仪目前采用的亮度单位是ANSI流明，ANSI为美国国家标准化协会制定的测量投影机光通量的方法。亮度是投影机极为关键的性能指标，直接关系到观看者是否能清晰地辨认屏幕上的图形文字。应用需求不同，需要配置的投影仪的亮度也不同，通常的配置情况如下：

①1000～1800ANSI，通常用于商务、娱乐活动。

②1800～3000ANSI，通常用于教育培育。

③3000ANSI以上，通常用于专业特殊需求。

2）分辨率（reslution）

投影仪的分辨率是指投影仪投射图像中的像素数。根据显示像素数的不同，常用的配置有如下三种：

①SVGA（800×600），通常用于商务、娱乐活动。

②XGA（1024×768），通常用于教育培育、商务、娱乐活动。

③SXGA（1024×768以上），通常用于专业特殊需求。

投影机的分辨率是与所连接的电脑密不可分的，计算机连接投影机时，要将计算机的屏幕分辨率调到和投影机分辨率一致的状态。

3）重量（weight）

根据重量的不同，一般将投影机分为超便携投影机、便携投影机、可携带型投影机和固定安装型投影机。

①超便携投影机（2 kg以下）

②便携投影机(2~4 kg)

③可携带型、固定型投影机(4 kg 以上)

4)对比度(contrast ratio)

对比度最基本的形态是亮区对暗区的比例。对比度比值越大,从黑到白的渐变层次就越多,从而色彩表现越丰富。对比度对视觉效果的影响仅次于亮度指标,一般来说对比度越大,图像越清晰。

5)均匀度(uniformity)

任何投影仪的画面都具有中心区域与四角区域的亮度不同的现象。均匀度反映了边缘亮度与中心亮度的比值,均匀度越高,画面的一致性就越好。

6)灯泡寿命(lamp life)

目前投影仪普遍采用的是金属卤素灯泡、UHP 灯泡和 UHE 灯泡。

金属卤素灯泡的优点是价格便宜,缺点是半衰期短,一般使用1000 小时左右亮度就会降低到原先的一半左右,并且由于发热高,对投影机散热系统要求高,不宜做长时间(4 小时以上)投影使用。

UHP 灯泡的优点是使用寿命长,一般可以正常使用 2000 小时以上,并且亮度衰减很小,习惯上被称为冷光源。

UHE 灯泡的特点是功耗低,使用寿命较长,是一种理想的冷光源。

(2)投影仪的分类

投影仪自问世以来,发展至今已形成了三大系列,分别是 CRT(阴极射线投影仪)、LCD(液晶投影仪)和 DLP(数码投影仪)系列,如图 1 - 1 - 4 所示。

①CRT 投影仪图像色彩丰富、还原性好,但由于 CRT 技术的限制,无法在提高分辨率的同时提高流明,到目前为止,亮度值还停留在几百流明,再加上体积大,操作复杂,目前逐渐被淘汰。

②LCD 投影仪投影画面色彩还原性好,色彩饱和度高,光利用效率高,但黑色层次表现不理想,能看到像素结构。但由于优点突出,目前使用很广泛。

③DLP 投影仪画面质量细腻稳定,尤其在播放动态视频时图像流畅,没有像素结构感,但在图像颜色的还原上比 LCD 投影仪稍逊一筹,色彩不够鲜艳生动。目前使用也很广泛。

(a)CRT投影仪　　　　　　　　(b)DLP投影仪　　　　　　　　(c)LCD投影仪

图 1 - 1 - 4　不同类型投影仪

3. 投影幕

投影幕(如图1-1-5所示)是投影屏幕的简称,是光学影像呈现的最终装置。在投影显示系统中,投影仪的重要性不言而喻,而投影幕的重要性却常常被人们所忽视。要想得到好的投影画面效果,除了一台质量优的投影仪之外,还需要一块性能高的投影屏幕。

图1-1-5　投影幕

(1)性能指标

2)增益

在入射光角度一定、通量不变的情况下,屏幕某一方向上的亮度与理想状态下的亮度之比,叫作该方向上的亮度系数,把其中最大值称为屏幕的增益。通常把无光泽白墙的增益定为1,如果屏幕增益小于1,将削弱入射光;如果屏幕增益大于1,将反射或折射更多的入射光。没有增益的屏幕所呈现的图像较为平和,但容易受到环境和外部光线的影响。而有增益的屏幕则能带来明亮、层次丰富、色彩鲜艳的画面,且环境和外部光线对其影响较小。

2)视角

屏幕在所有方向上的反射是不同的,在水平方向离屏幕中心越远,亮度越低;当亮度降到50%时的观看角度,定义为视角。在视角之内观看图像,亮度令人满意;在视角之外观看图像,亮度显得不够。一般说来,投影屏幕的增益与视角是一对矛盾体。在某些条件不变的情况下,增益越高视角越小,反之,视角越大增益越低。

3)尺寸

屏幕的尺寸是以其对角线的大小来定义的。一般视频图像的宽高比为4:3,教育幕为正方形。

4)均匀度

均匀度决定了投影幕从中心到边缘的亮度分布是否均匀。就背投影屏幕而言,结构化屏幕要比散射幕好很多。散射幕有不可克服的中心亮斑效应。好的均匀性能够保证屏幕水平方向、垂直方向从 0~180 度观看时，画面亮度和色彩的一致性。屏幕表面材料的均匀性对投影机的画面均匀性起到了良好的补充作用。

（2）投影幕的分类

投影幕的技术、种类以及不同屏幕应用于不同的环境下，所得到的画面显示效果差异是很大的。

按工作方式分类，通常可分为正投屏幕和背投屏幕。正投幕就是投影仪与人在幕的同侧，靠反射光线观看画面；而背投幕则是人和投影部件分别在投影幕的两侧，光线需要透过投影幕，人才能看到画面。

按屏幕材质分类，通常可分为软屏幕和硬屏幕，而其中正投幕以软幕为主，背投幕则以硬幕居多。在软屏幕中有白塑幕、珠光屏幕和金属屏幕，硬屏幕则有平面屏幕和弧形屏幕。

按照使用方式分类，通常可分为快速折叠幕、电动幕、手拉自锁幕、支架幕、拉线幕、地拉幕、画框幕等。而随着应用场合的不同，用户也可以选择不同的安装方式，如壁挂、天花板安装和可移动式等。

4. 交互式电子白板

交互式电子白板是一块具有正常黑板尺寸，在计算机软硬件支持下工作的大感应屏幕，它相当于计算机显示器并代替了传统的黑板。交互式电子白板需要结合白板系统软件才能使用，该系统存在于计算机中，不仅支撑白板、计算机、投影仪之间的信息交换，而且还自带一个强大的学科素材库和资源制作工具库，教师在上课时可以随意调用各种素材或应用软件用于教学。

（1）交互式电子白板的工作机制

交互式电子白板以计算机技术为基础，借助 USB 线与电脑连接进行信息通信，并利用投影机将电脑显示器上的内容同步投影到交互白板的屏幕上，如图 1-1-6 所示。

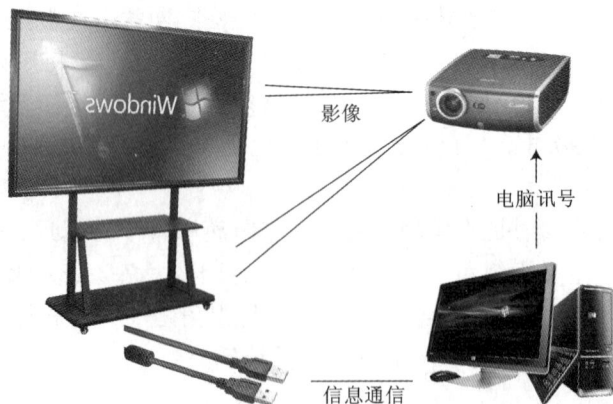

图 1-1-6 交互式电子白板的工作机制

在白板系统软件的支持下，可以通过手指触摸或感应笔代替鼠标在白板上直接操作，轻松实现即时书写、标注、画图、编辑、打印、存储等多项功能。

（2）交互式电子白板的分类

交互式电子白板融合了大屏幕投影技术和精确定位测试技术。依据其精确定位测试技术的原理不同，可以将交互式电子白板分为压感式、电磁感应式、红外式和超声波式四种（见图 1 – 1 – 7）。

1）压感式白板

压感式白板在两层涂覆了导电材料的薄膜且中间设有一层气隙。当用手指或电子笔在外层薄板板面上施加压力后，将会导致这两层薄板接触而造成短路，从而使系统检测到这个点的位置。

压感式白板的优点是定位相对准确，无须专用笔，可做触摸操作。缺点是板面不能有划伤或被击打，一旦被划伤就不能使用。无意识接触和误操作也会影响设备的正常使用。响应速度较慢且无法制作超大面积的白板。

2）电磁感应式电子白板

电磁感应式电子白板采用一支可以发射电磁波的电子笔，该笔以不同频率发射电磁波。当这支笔靠近内置于白板内部的由水平和垂直两个方向排列而成的接收线圈时，电子笔发射的电磁波会在若干接收线圈中产生不同的感应电动势，根据水平方向和垂直方向各个不同线圈所感应到的电动势，按照特定的算法，就可以获得电子笔所在的 X 坐标和 Y 坐标的精确位置。

电磁感应式电子白板的优点是定位相对准确，操作灵敏，坚实耐磨，不易损坏和误操作，适合于学校使用环境。缺点是必须使用专用笔才能书写，不能做触摸操作。电子笔书写过程中有压感，即根据书写轻重的不同，笔记的粗细会不同。电子笔能完全实现鼠标功能，制作成本较低并支持双笔功能。

3）红外感应式电子白板

红外感应式电子白板四周布满红外接收管和红外发射器，对应形成了纵横交叉的红外线矩阵，用户触摸屏幕时，手指（或其他不透明物体）挡住经过该位置的纵横向红外线，会形成一个红外线的断点，系统能因此迅速判断出触摸点的位置，通过软件在触摸屏的相应位置成像，从而实现触摸。

红外感应式电子白板的优点是无须专用笔，可用手指、教鞭等进行书写或触摸操作。白板版面不怕划伤，即板面有任何划伤也不影响操作使用。反应速度较快且造价较低。缺点是定位精度不高，不能完全模拟鼠标，无压感反应，可能受强光的干扰。

4）超声波式电子白板

此种白板采用三点定位原理及测距定位模式。超声波式电子白板在屏幕的一边放置两个按固定距离分布的超声波接收装置，用于定位的电子笔实际上是一个超声波发射器。当电子笔在屏幕的表面移动时，所发射的超声波沿屏幕表面被接收器检测到，根据收到超声波的时间可以换算出电子笔在两个接收器的距离，即已知了三角形的三个边长，从而可以确定电子笔所在的顶点位置。

超声波式电子白板的优点是可以在不同面积尺寸的白板上使用，适用性强。缺点是定位精度不均匀，受温度影响较大，并需要专用电子笔。

(a) 压感式白板　　　　　　　　　　　(b) 电磁感应式电子白板

(c) 红外感应式电子白板　　　　　　　(d) 超声波式电子白板

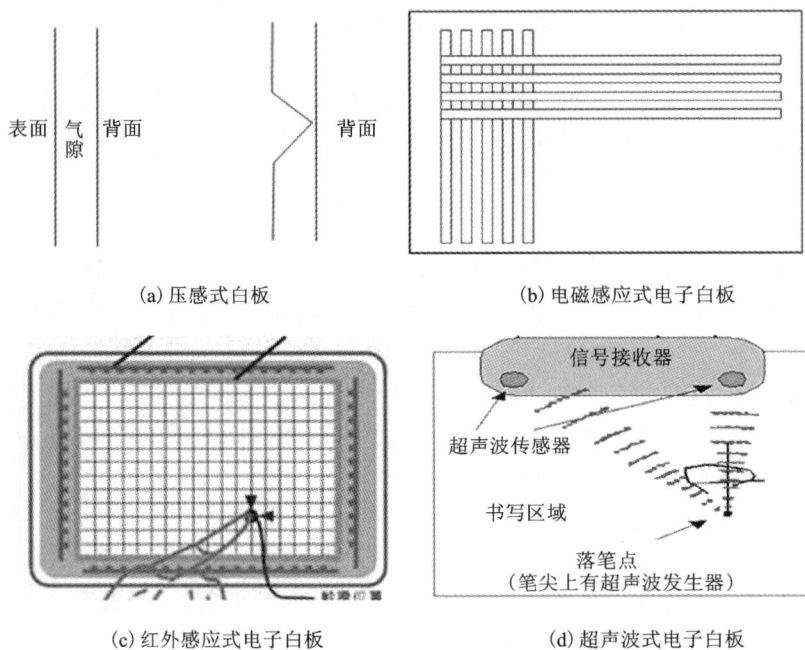

图 1 - 1 - 7　各种类型的电子白板

5. 视频展示台

视频展示台是一款图像采集设备(如图 1 - 1 - 8 所示),它能通过安装在上面的数字摄像头把各种实物如模型、印刷品、胶片、幻灯片、文稿等扫描出来并以二进制格式储存到计算机中,并通过投影机、监视器把扫描到的各种物品展现出来。目前,它已逐渐取代了传统的胶片投影仪和幻灯机。

图 1 - 1 - 8　视频展示台

视频展示台常用于教育教学培训、电视会议、讨论会等各种场合,可演示文件、幻灯片、演示课本、笔记、透明普通胶片、商品实物、零部件、三维物体、实验动作等,还可进行远距离摄像、现场书写等高级功能。

视频展示台的分类:

①根据输出信号划分,视频展示台通常分为模拟展示台和数字展示台两种。

模拟展示台的视频输出信号也有复合视频、S – VIDEO 两种,一般清晰度在 400~470 水平电视线,它采用隔行扫描方式。

数字展示台的视频输出信号也有复合视频、S – VIDEO 两种,但它具有 VGA 输出接口。该接口是计算机主机传送给显示器图像的一种标准 RGB 分量视频接口,并且是逐行扫描方式,图像不存在模拟展示台难以消除的闪烁现象,并且图像分辨率较高。

②从结构上可以分为单灯照明视频展示台、双侧灯式视频展示台、便携式视频展示台等。

单灯照明视频展示台是常见的一种照明方式,单灯照明不存在双灯照明的光干涉现象,光线均匀,便于被演示物体的最佳演示,不同展台单灯的位置不同,但不影响效果。

双侧灯式视频展示台是最为常见的照明方式,设计良好的双侧灯可以灵活转动,覆盖展台上的全部位置,并实现对微小物体的充分照明。

便携式视频展示台设计紧凑,体积小巧,携带方便,适合移动商务演示。

6. 中央控制器

中央控制器(如图 1 – 1 – 9 所示)是通过一系列的协议来控制周边设备的一款控制设备。该设备通常应用在多媒体教学、多媒体会议室、监控及指挥中心等平台上,这些平台以中央控制器为控制中心,连接投影机、教学电脑、交互式电子白板、电动幕布、音响、视频展示台、笔记本、功放、麦克风等。

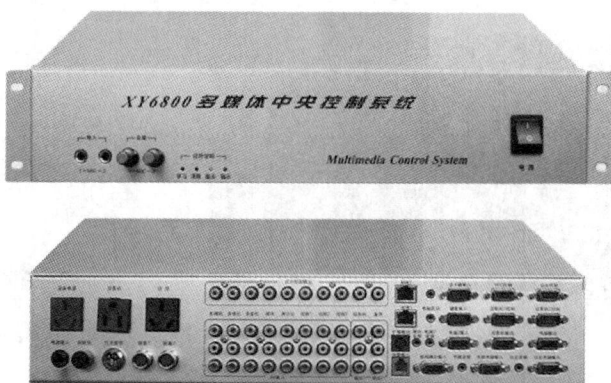

图 1 – 1 – 9 中央控制器

中央控制主机接受来自"中控面板"的请求,经处理完成对受控多媒体设备的各项操作。例如在中控面板上按一下"上课"按钮,就能使电脑和投影机打开,使电动幕布下降,实现了按一个按钮就能完成一系列的操作。

为管理操作方便，中央控制器和受控多媒体设备统一安装在中央控制台中。

7. 音频设备

多媒体教学环境中通常配置的音频设备包括：话筒、音箱和功放。

话筒又称麦克风，用于接收声音信号，是声电转换的换能器，通过声波作用到电声元件上产生电压，再转为电能。话筒种类繁多，按电信号的传输方式可分为：有线话筒和无线话筒。按换能原理可分为：电动式、电容式、压电式、电磁式、碳粒式、半导体式等。

音箱指的是装有扬声器单元的箱体，其作用是把音频电能转换成相应的声能，并把它辐射到空间去。音箱分为有源音箱和无源音箱，有源音箱又称为"主动式音箱"，通常是指带有功率放大器的音箱，如多媒体电脑音箱、有源超低音箱等。无源音箱（Passive Speaker）又称为"被动式音箱"。无源音箱即是我们通常采用的，内部不带功放电路的普通音箱。无源音箱虽不带放大器，但常常带有分频网络和阻抗补偿电路等。

功放即功率放大器，俗称扩音机，是音响系统中最基本的设备，它的任务是把来自信号源的微弱电信号放大以驱动扬声器发出声音。

8. 触控一体机

触控一体机（如图 1 - 1 - 10 所示）是以计算机技术为基础，集软硬件系统、资源系统为一体的教学平台，该设备整合了电子、感应、网络技术等，将传统的黑板和现代多媒体技术有效地结合在一起，完美地实现了投影机、电视机、电子白板、电脑、音箱、中央控制器和教学资源库的功能。

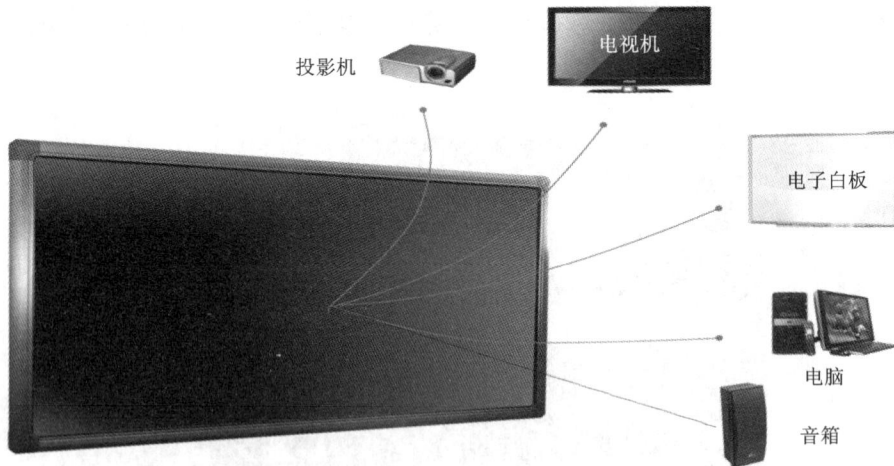

图 1 - 1 - 10　触控一体机

1.1.2　了解多媒体教学环境的配置

根据配置多媒体设备的复杂程度，多媒体教学环境可分为简易型、标准型、多功能型和专业型四种。

1. 简易型多媒体教学环境

简易型多媒体教学环境是指开展多媒体教学所需满足的最基本的教学环境。

根据教学单位的条件和投入情况，简易型多媒体教学环境有以下四种常见的配备模式。

（1）第一种模式由 DVD 或 VCD 播放机、电视机和教学系列光盘组成

这种模式主要应用于中国老少边穷地区。该模式有利于促进城乡优质教育资源共享，解决老少边穷地区师资短缺的问题，提高教育质量和效益。在这种模式下，利用 DVD 或 VCD 组合播放教学光盘，学生观看电视机就能获取优质的教育资源。

简易型多媒体教育环境

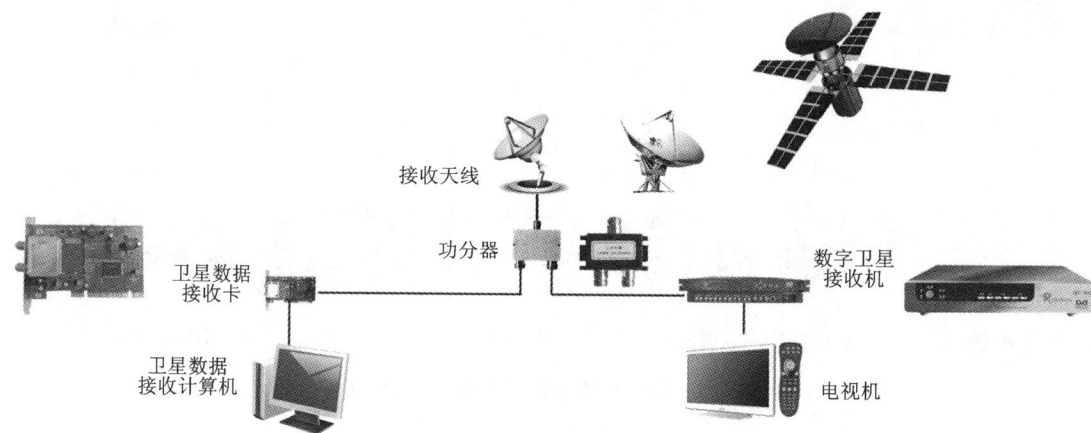

（2）第二种模式由卫星电视接收系统、电视机或计算机组成

这种模式是中国的一项远程教育工程，该模式利用卫星电视接收系统接收中国教育卫星宽带传输平台的教学资源，通过电视机或计算机把教学资源展示给学生。通过这套系统（如图 1 - 1 - 11 所示），学生能观看现代远程教育电视节目、IP 数据广播节目，并聆听语音广播节目。

在该模式下，卫星电视接收系统是一套很重要的系统，它负责接收中国教育卫星传输过来的教育资源，供学生学习。该系统由卫星接收天线、卫星数字接收机、卫星数据接收卡组成。

图 1 - 1 - 11　卫星电视接收系统

（3）第三种模式由多媒体计算机、监视器组成

第三种模式在实际教学中应用广泛。在该模式中，多媒体计算机作为多媒体信息的处理中心，需要对声音、图像、视频等信息进行综合处理，由于数据处理量大，应选配运行速度快，内外存储空间大，配有声卡、网卡、音箱等配件且工作稳定的计算机。计算机既可以是台式机，也可以是笔记本电脑。

监视器作为多媒体信息的显示设备，为便于学生观看，应选用屏幕大、清晰度高、亮度

高的纯平监视器。

（4）第四种模式由多媒体计算机、投影仪和投影幕组成

这种模式在实际教学应用中也非常广泛，是一种很经济、效果又好的配置模式。

2. 标准型多媒体教学环境

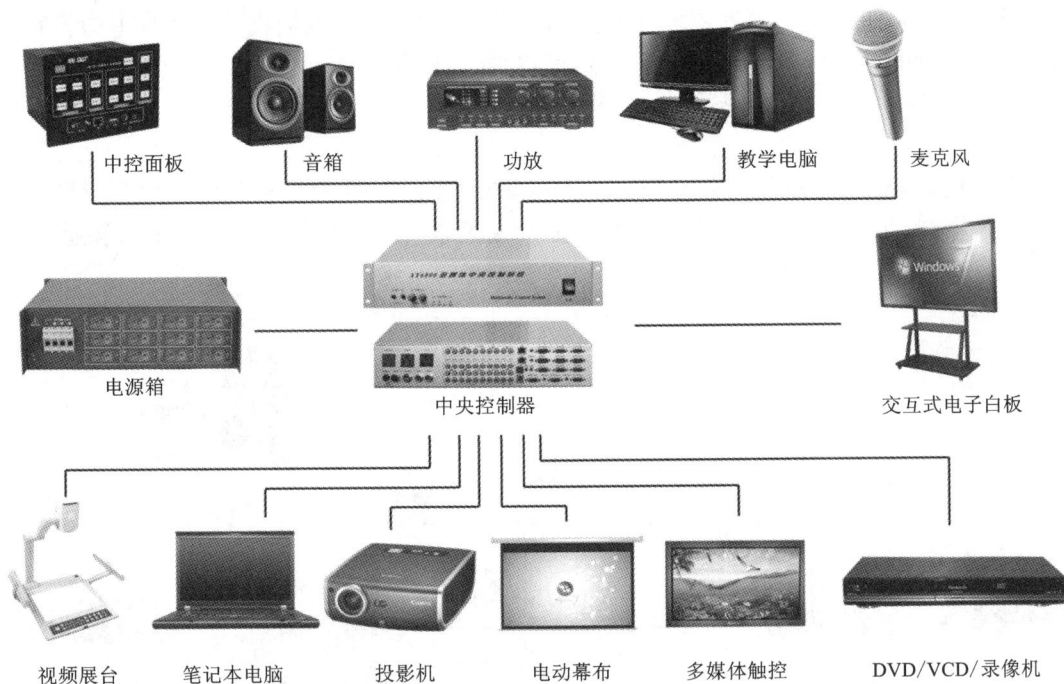

标准型多媒体教学环境是指能对各个多媒体设备进行统一控制的教学环境（如图1-1-12所示）。在该环境下，有一台中央控制器，它能实现对各个多媒体设备的控制，如开关操作、音量调整等。下图1-1-12就是标准型多媒体教学环境的样例。在该环境下，中央控制器能实现对投影仪、教学电脑、笔记本电脑的开机和关机，能实现对电动幕布的升降，也能实现对功放声音的调节等。

标准型多媒体
教学环境

中控面板　　音箱　　功放　　教学电脑　　麦克风

电源箱　　中央控制器　　交互式电子白板

视频展台　　笔记本电脑　　投影机　　电动幕布　　多媒体触控　　DVD/VCD/录像机

图1-1-12　标准型多媒体教学环境样例

3. 多功能型多媒体教学环境

多功能型多媒体教学环境是在标准型的基础上添加了一些特殊的硬件设备和软件系统，通过添加这些硬件设备或软件系统，该环境的功能会增强不少。比如增加摄像装置，又如，增加学习反应信息测试分析系统。图1-1-13是多功能型多媒体教学环境的配置，在该环境下，装配3台摄像机，摄录师生的活动，影像信息可以存储在多功能现场一体机中，并同时传至其他教学场所以供观摩。通过这套设备，教师还能及时了解学生的学习状况，实现教学个性化。

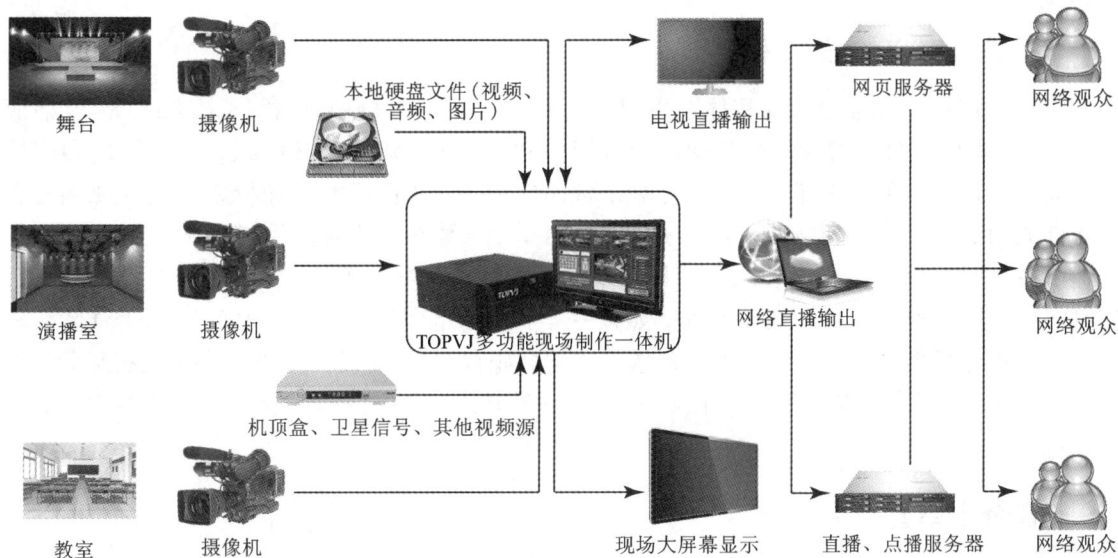

图 1 - 1 - 13　多功能型多媒体教学环境样例

4. 专业型多媒体教学环境

专业型多媒体教学环境如图 1 - 1 - 14 所示是指在简易型或标准型配置的基础上增加了一些学科教学所需要的特殊的教学设备,以满足学科教学的特殊需求。例如在生物学科中配置彩色显微摄像装置。

HVT-1000/1000Z

(b) 彩色显微摄像装置　　　　　　(a) 连接彩色显微摄像装置的计算机

图 1 - 1 - 14　专业型多媒体教学环境案例

1.1.3 选择多媒体教学环境

"荷塘月色"在职业教育课程体系中属于公共基础课,李老师在讲授这堂课时,需要播放视频,演示教学课件。视频和教学课件中有图像和声音,要满足上述要求,需要使用多媒体电脑播放视频和演示教学课件,使用音响设备输出声音,使用投影仪和投影幕展示视频和教学课件的画面。从教学环境的配置上看,选择简易型多媒体教学环境第四种模式就能满足李老师讲授《荷塘月色》的上课要求。而如果李老师想播出优美的视频,播放浑厚的音频,且避免对多个多媒体教学设备的烦琐操作,如按一个按钮就能打开电脑和投影仪、下降投影幕,则可以选择标准型多媒体教学环境,并从中选配多媒体电脑、功放、音响、高清晰投影仪、电动幕布、麦克风等作为必备设备连接到中央控制器上,由中央控制器统一控制这些设备,简化设备操作。

【任务小结】

通过选择多媒体教学环境的学习,主要认识和理解了常用的多媒体教学设备,以及如何选择合适的多媒体教学环境来组织教学。

多媒体教学设备众多,有分立的教学设备,如投影仪、投影幕、音响等,也有多功能集成的设备,如电子白板、多媒体触控一体机等。在教学过程中,需要根据教材的内容和教学要求使用不同的教学素材,选择不同的多媒体教学设备来完成教学活动。

信息技术发展迅猛,数字化教学资源越来越丰富,随着多媒体教室、智慧教室的不断升级和完善,我们的课堂教学活动对多媒体教学设备的依赖度越来越高。因此,充分认识和理解多媒体教学设备的种类、功能、特点和用途,恰当运用各类数字化教学资源,发挥多媒体教学设备在教学过程中的作用,就能有效地提高课堂教学效率,从而提高课堂教学质量。

任务 1.2 选择网络教学环境

【任务描述】

余老师是一所职业院校的专业课老师,有丰富的教学经验和课程开发经验,她在世界大学城空间中开发了"铁路特殊条件货物运输""城市轨道交通客运组织"等四门 MOOC 课程。本学期她承担了"铁路特殊条件货运运输"课程教学,该课程的教学内容多,她教授该课程的教学班级也多。如果按照以前的方式承担这么多班级并在课堂中完成该课程的教学任务,余老师很难在保证教学效果的前提下承担如此繁重的教学任务。面对这种情况,余老师该怎么办?现在线上线下教学模式已广泛运用,能否利用互联网,运用该教学模式来组织教学呢?

【任务资讯】

1. 网络设备

网络设备是连接到网络中的物理实体。网络设备的种类繁多,且与日俱增。基本的网络设备包括计算机(个人电脑或服务器)、集线器、交换机、网桥、路由器、网关、网络接口卡

（NIC）、无线接入点（WAP）等。

2.网络拓扑结构

网络拓扑结构是指用传输媒体互连各种网络设备的物理布局，即用什么方式把网络中的计算机、交换机等网络设备连接起来。

3.数字化教学资源

数字化教学资源是为了教学的有效开展而提供的各种可被利用的条件，如教学课件、教学素材库、教学案例库、测试题库等。这些资源存放在网络服务器中，教师和学生一旦需要，就能通过相关网络教学平台获取这些资源用于教学和学习。

4.网络教学平台

网络教学平台为师生提供了数字化教学资源使用、学习活动、沟通交流等多个功能。它支持师生教学资源共享、师生交流、在线答疑和在线评价测试等。通过使用网络教学平台，教师能顺利地开展个性化教学，学生能有效进行自主化学习，从而所有的使用者都能得到适合的教育。现在互联网世界有一些典型的网络教学平台，如爱课程网、世界大学城等，这些网络平台，为广大学习者提供了丰富的资源。

5.网络教学环境

网络教学环境是网络设备、数字化教学资源和网络教学平台的整合，是开展网络教学的基础。

【任务实现】

1.2.1　认识常用的网络教学设备

网络教学设备是开展网络教学的基础，我们通过某个学校的校园网络拓扑结构图来了解网络设备。从图 1 - 2 - 1 可看出，该网络被划分为一个中心和四个分区。一个中心为 eSight 网络运维管理中心，它监管校园网上所有的设备，一旦某台网络设备出现故障，就能通过管理中心，快速地进行定位，查找出网络中的故障。四个分区为核心交换区、服务器虚拟化存储备份区、网络边界区和校园楼栋交换网络汇聚接入区。四个分区承担网络数据的传输和处理，提供校园网络所需要的各种服务。各个分区由一些网络设备构成，下面介绍一些主要的网络设备。

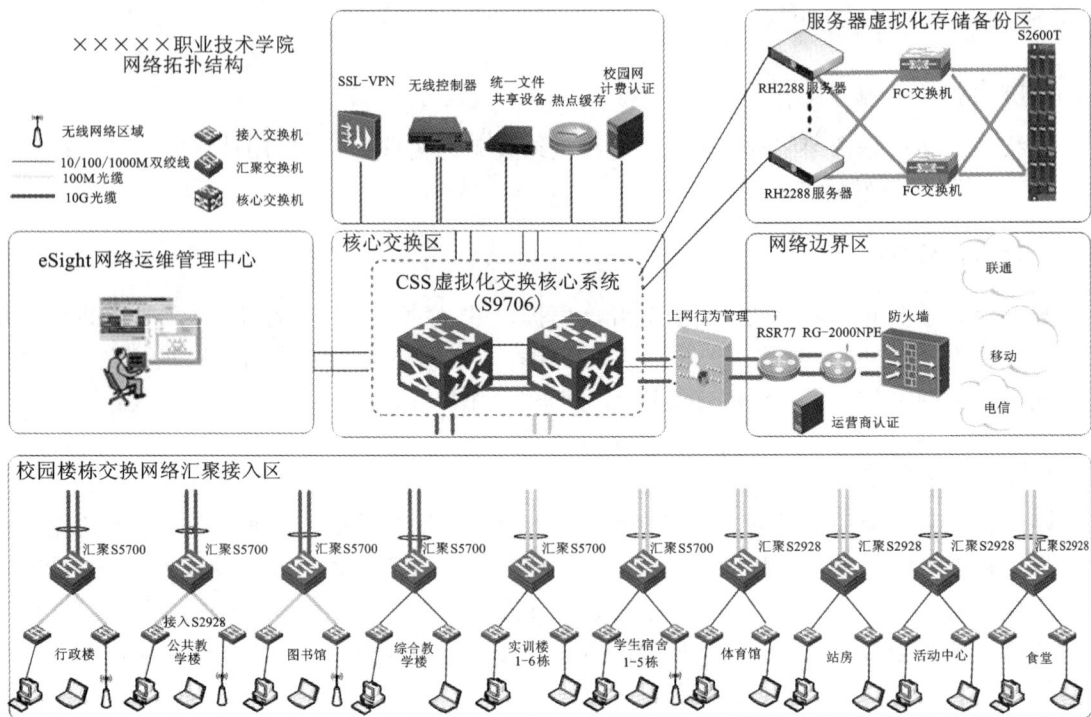

图1-2-1 某学院网络拓扑结构图

1. 服务器

服务器(Server)部署在服务器虚拟化存储备份区,是提供计算服务的设备。服务器和通用的计算机架构类似,是由处理器、硬盘、内存、系统总线等组成的,但是由于该设备需要提供高可靠度的服务,因此在其处理能力、稳定性、可靠性、安全性、可扩展性、可管理性等方面要求较高。

为了保障系列服务器所需要的海量数据,可以把海量数据存储在统一存储器中。

根据提供的服务类型的不同,服务器可分为 Web 服务器、数据库服务器、视频服务器、FTP 服务器、Mail 服务器、打印服务器、域名服务器等,分别用于实现 Web 部署、数据库存储、视频文件存储与处理、FTP 文件传输、E-mail 收发、打印共享、域名服务等功能。

2. 交换机

交换机(Switch)是实现电信号转发的网络设备,它可以为接入该设备的任意两个网络节点提供独享的电信号通路。交换机根据所处的网络层次,设备的功能差别很多,价格也相差很大,如图1-2-1所示,校园网络拓扑结构图采用了3层架构模型,部署了核心层交换机、汇聚层交换机和接入层交换机。在核心交换区,由2台核心交换机构成了核心层,该设备能实现高速转发通信并提供优化、可靠的网络传输。在校园网的楼栋之间,由数台汇聚交换机构成了汇聚层。汇聚层交换机处理来自接入层的所有通信量,并提供到核心层的上行链路。接入层交换机直接面向用户连接,连接工作站,工作站通常是微型计算机、网络打印机等,提供到汇聚层的上行链路。

从上述网络拓扑结构分析可知，核心层相当于一个总站，汇聚层相当于中转站，接入层相当于接收站。各层交换机所处的位置不同，要求也不相同，从可靠性、性能和吞吐量三个方面考虑，核心层交换机要求最高，汇聚层交换机次之，接入层交换机最低。

3. 防火墙

防火墙(firewall)是一个由软件和硬件设备组合而成、在内部网和外部网之间、专用网与公共网之间的界面上构造的保护屏障。如图 1-2-1 所示，通过在网络边界区设置的防火墙，能有效保障内部网络的安全。

4. 网络传输媒质

网络传输媒质是为了实现网络设备之间的连接而设置的。常用网络传输媒质有双绞线、光缆。如图 1-2-1 所示，核心交换机和汇聚交换机之间采用的是 10G 和 1000M 的光缆，接入交换机和工作站之间采用的是双绞线。

5. 无线 AP

无线 AP，又称无线接入点，是一个无线网络的接入点，俗称"热点"，主要包括路由交换接入一体设备和纯接入点设备。一体设备执行接入和路由工作，纯接入设备只负责无线客户端的接入，纯接入设备通常作为无线网络扩展使用，与其他 AP 或者主 AP 连接，以扩大无线覆盖范围，而一体设备一般是无线网络的核心。如图 1-2-1 中在校园楼栋交换网络汇聚接入区设置的无线 AP，利用它们，学生通过智能手机、iPad 等无线设备就能登录校园网。

1.2.2　认识网络教学环境

按照教学网络的规模分类，网络教学环境可以分为校园网络教学环境和互联网络教学环境。校园网络教学环境规模较小，能为学校的网络用户提供资源共享、信息交流和协同工作等服务。互联网络教学环境规模庞大，能为全球的网络用户提供资源共享、信息交流和协同工作等服务。在校园网络教学环境中，还存在一种特殊的网络教学环境——多媒体网络教学环境，在一些使用计算机很频繁的课程中，常使用这种网络教学环境。

1. 校园网络教学环境

校园网是把分布在校园不同地点的多台计算机连接起来，按照网络协议相互通信，以共享软件、硬件和数据资源为目标的网络系统。

校园网络教学环境是基于校园网的网络设备、教学资源和教学管理系统的整合。在该教学环境中，教学管理系统是指部署在校园网中的一些应用软件，如学生成绩管理系统、师资管理系统、科研管理系统等。

校园网络教学应用不是简单地把计算机作为教学演示的工具，而是把

校园网络教学环境

信息技术与各门课程教学有机地融合在一起，例如基于校园网络丰富的课程资源，学生可以在轻松的环境下自主学习，并查阅所需资料；利用电子邮件功能，教师可以开展电子作业批改和网上答疑等。校园网络教学的应用非常广泛，主要表现在四个方面。

（1）资源共享。学校把教学资源存储到校园网的服务器中，通过校园网，教师能顺利地查阅所需的教学资料进行备课、授课；学生可以根据自身的能力、兴趣、爱好自主地选择学习内容、学习进程、学习资源，进行自主学习。

（2）教学合作。教师可自由组建合作团队，在校园网上开展协同备课、课题研究和教学资源库建设工作等，并且合作成员可以随时查看彼此的工作情况，了解别人的优点，发现自己的不足，有利于营造一种你追我赶的工作氛围，实现按时和高质量完成工作的目标。

（3）交流探讨。学生在遇到困难时可以向计算机寻求直接的帮助，可以通过 BBS 寻求他人的指点，还可以邀请老师、同学共同参与讨论，共同解决问题，实现人机互动、师生互动、生生互动。通过 net meeting、视频会议、聊天室、留言板等多种方式进行交流探讨，实现合作方式的多元化。

（4）视频点播。学校将 PPT、多媒体课件、直播课程、教学视频录像等教学信息资源制成流媒体格式存入校园网中并供学习者自由点播使用。学生可在任何时间调用内容学习。视频点播功能增加了学校教学的灵活性，有利于学生开展自主学习。

2. 互联网网络教学环境

互联网（Internet）是网络与网络之间所串联成的庞大网络，这些网络以一组通用的协议相连接，形成逻辑上的单一且巨大的全球化网络。

互联网具有以下特点：

（1）传播范围广。互联网分布到哪里？你要传播信息就可以到哪里？

互联网网络教学环境

（2）保留时间长。例如，美国"9·11"事件，有关这件事件的报纸和杂志很多人都看过，但要这些人拿出关于这件事情的报纸和杂志能有多少人呢？而在百度上搜索"美国9·11"，就有约 3，930，000 条信息展示出来。

（3）实时、灵活和成本低。你在网络上发布一条信息，迅速就有人获知。发布的途径也很多，如通过智能手机、PC 机、iPad 等都可以发布，并且价格低廉。

（4）感官性强。互联网信息图文声像并茂，会对网页浏览者产生强烈的感官效果。

由于互联网强大的功能，互联网越来越深刻地改变着人们的学习、工作以及生活方式，通过互联网，人们可以获取网络信息、进行网络交易、开展网络互动交流、享受网络娱乐、进行网络办公等。

互联网教学环境是基于互联网的设备、教学资源和教学管理系统的整合。

3. 多媒体网络教学环境

多媒体网络教学环境，又称多媒体网络教室，是指分布在一个教室范围内、支持多媒体课堂教学的计算机局域网络教学环境。

图 1-2-2 就是一张常见的多媒体网络教学环境的结构图，从图上能发现，在该环境下，有一台投影仪，有一张投影幕，有一台教师机，有若干台学生机等。教室机、学生机通过网络设备相连构成了一个局域网。

多媒体网络教学环境

多媒体网络教学环境并不是多媒体环境和网络教学环境的简单相加，也不是简单地利用多媒体设备和计算机网络开展教学，而是在这两个系统之上的并具有新的教学功能的教学环

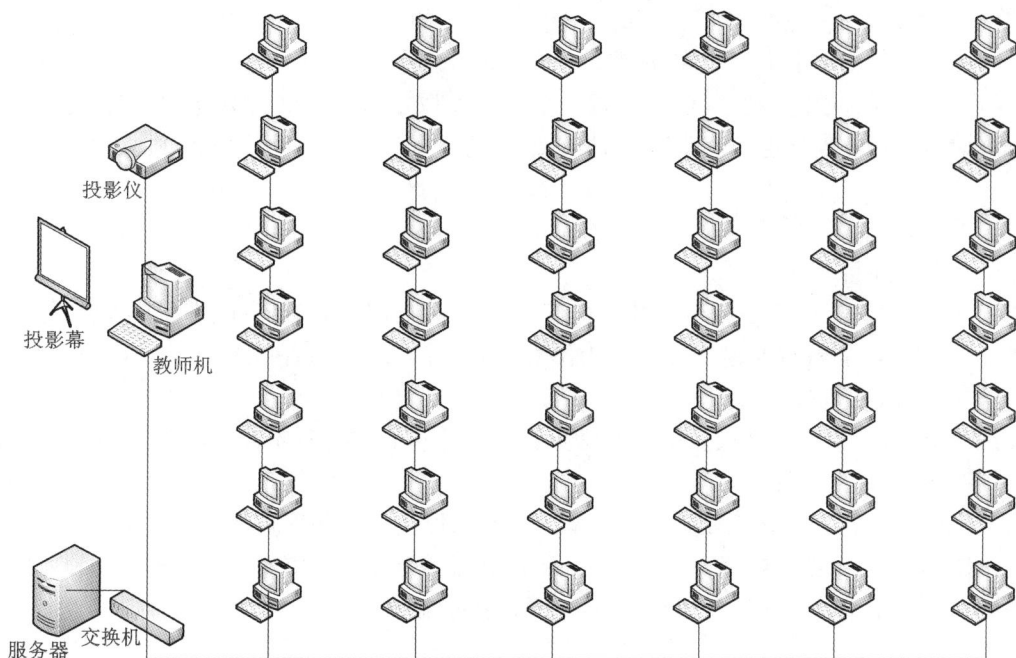

图 1-2-2　多媒体网络教学环境示意图

境。当然这些新的教学功能不是与生俱有的，而是通过安装在计算机局域网的多媒体网络教学系统实现的。

多媒体网络教学系统的版本很多，如极域多媒体网络教学系统、红蜘蛛多媒体网络教学系统、网耕多媒体网络教学系统等。

多媒体网络教学系统通常分为教师端和学生端两个子系统。

教师端提供的功能很多，常见的功能有以下几种。

（1）电子点名：教师利用系统对在线学生进行考勤点名，并能将点名情况存档。

（2）全屏广播：是将教师端屏幕以全屏方式广播到学生端屏幕，使学生近距离看到教师的演示情况。利用窗口广播功能可以把教师端屏幕以窗口方式广播到学生端屏幕。

（3）远程桌面：远程桌面能实现教师远程对学生端电脑的实时监控，远程桌面监控过程中，可以执行远程遥控，如查看学生界面，远程协助学生端电脑，锁定学生端电脑、鼠标等。

（4）派发作业：教师可以将电子作业发送到学生端指定的目录中。作业可以发送给指定的学生，也可以发送给所有的学生。

（5）回收作业：教师对学生端指定目录中的作业进行回收。可以回收指定学生的作业，也可以回收所有学生的作业。

（6）学生演示：教师可以控制指定的学生端并将学生端屏幕广播到其他学生端，以使其他学生观看该学生的屏幕演示。

（7）学生限制：教师为更好地管理学生电脑，可对学生电脑加一些限制，如禁止发言、禁止提交作业和禁止举手。

（8）黑屏肃静：该功能是使学生端屏幕显示黑屏，让学生无法操作电脑，集中注意听讲。

学生端也提供了一些功能，常用的功能有以下几种。

（1）提交文件：学生将一些文件提交给老师。

（2）消息发送：通过"消息发送"功能，学生和教师之间可以在线交流，探讨问题。

（3）请求支持：当学生端遇到问题时，通过"请求支持功能"，可以向教师求助。

4. 典型的互联网教学环境

（1）互联网+课程

"互联网+课程"构建了一个开放、共享、平等的课程学习环境，能满足各个层次学习者的需要，现在以精品资源共享课和慕课为例加深对"互联网+课程"的理解。

1）精品资源共享课

精品资源共享课是以高校教师和大学生为服务主体，同时面向社会学习者的基础课和专业课等各类网络共享课程。

该类课程按照"碎片化+结构化"的方式组织课程资源，课程资源丰富、系统、完整；采用统一的共享平台，管理规范，共享充分；采用教学视频形式，资源丰富多彩、感官性好，易于吸引学习者；提供了一些门户网站，网速快，学习流畅，在线学习效果好。

图 1 - 2 - 2　"电动工具检验与测试"课程网页界面

我们以"爱课程网"精品资源共享课中的"电动工具检验与测试"课程来解析该类课程的组织结构和特点。如图1-2-2所示，课程网站提供了该课程的课程大纲、考核方式与标准、学习指南、教学单元、课程知识点、课程技能点等一整套课程资源，资源丰富系统，既方便教师教学，也方便学生自主学习；课程结构以目录树形式呈现，层次清晰分明；以录播视频呈现教学单元，使我们在网上就能够看到大师给他的学生授课；课程学习也很方便，注册登录、点击教学单元，就可享受大师的课程。

2）慕课（MOOC）

慕课（MOOC）是大规模的、开放的网络在线课程。

该类课程按照"碎片化＋结构化"的方式组织课程资源，支持自主和交互式学习；该类课程提供教、学、考、管一体化的全新教育环境，有利于提高教学效果；该类课程由专业团队制作，名师讲解，课程质量高。

我们以"爱课程网"的"中国大学 MOOC——职教频道"中的"汽车发动机维修基本技能训练与考核"课程来组织结构与特点。如图1-2-3所示，该门课程结构也是以目录树形式呈现，层次清晰分明；提供了授课视频、课程时间安排和申请课程认证证书途径，既实现了教学，又实现了课程考核，有利于保障教学质量；采用短小精悍的名师教学微视频形式，有利于提高学习者的兴趣，保障学习效果。

图1-2-3　"汽车发动机维修基本技能训练与考核"课程网络界面

2. "互联网 + 学习空间"

"互联网 + 学习空间"是一种基于互联网的信息化教学与学习环境,能够为师生提供知识管理、自主学习服务、教学互动、教研协作和沟通交流服务,为学校与教育行政部门提供教学管理与考核服务,其目标是促进教学方式与学习方式的革命性变化。

我们以"世界大学城"网络学习空间为例来加深对"互联网 + 学习空间"的理解。

该空间是以 Web2.0、Web3.0、云计算等先进理念和技术为构建基础,以学校平台和师生空间为构建元素的网络学习平台。

该空间动态集成了互联网的各种功能,能为每个老师和学生快速构建一个容量不限、功能强大、互联互通、完全自定义、实名、个性化、支撑终身学习的绿色网络学习平台。

1.2.3　认识线上线下混合式学习模式

1. 混合式学习的起源与发展

混合式学习(Blend learning)最早起源于美国,西方国家习惯以学习者的角度将"混合式教学"称之为"混合式学习"。但是,混合式教学又区别于混合式学习,混合式教学是在混合式学习理念指导下的一种教学模式,是教师在教学过程中,根据教学情况,选择恰当的学习资源和学习环境,运用适当的教学方法和教学媒体进行教学活动的实施。

1999 年在美国加州的 Online 大会上首次提出了 E – learning(Electronic Learning)这个概念,之后便在全球范围内广泛应用。随着 E – learning 的局限性越来越突出,促使了混合式学习的快速发展。如在美国,92% 的大型企业已经或开始使用混合式教学的理念进行企业培训。随着教育信息化的飞速发展,这种线上线下混合式培训的思想逐渐被引入到教学活动中,并得到了教育界学者的关注。

2. 混合式学习的含义

目前,对于混合式学习的概念有很多说法,教育界专家们通过长期的研究从不同的角度提出了不同的概念,所以目前仍没有明确而权威的定义。

何克抗教授认为:混合式学习就是要把传统学习和网络化学习二者的优势结合起来,既要发挥教师在引导、启发、监控教学过程的主导作用,又要充分体现学生作为学习过程主体的主动性、积极性与创造性。

李克东教授认为:混合式学习可以看作在线学习与课堂教学的有机整合,其核心的理念是根据不同的问题和要求,采取不同的方式去解决问题。在学与教的过程中,采用恰当的教学媒体与信息传递方式进行学习,既保证低投入,又实现高收益。

美国 Learning circuits 也认为,Blend Learning 集成了在线与面授两种不同学习方式的优势,对于提升信息技术的教育应用水平,改进学习的绩效具有积极的作用。混合式学习的内涵是在数字化学习和企业培训中,按照系统论的观点和绩效方法,以实现最佳学习效果为目的,在恰当的时间使用恰当的技术将传统学习与在线学习相结合,因此,从本质上来看,混合式学习完全可以看作是一种发展中的全新学习方式或学习理论。美国人才发展协会也曾经将混合式学习定义为在合适的时间,配合合适的学习风格,使用合适的技术完成最佳的学习任务，从而达到最好的学习效果。因此，混合式学习是结合传统教学与网络教学的优势，有效地融合线上线下各教学要素，从而实现教学效果的最优化的一种学习方式。

3. 线上线下混合式学习模式

线上线下混合式学习模式是把面对面教学和在线学习两者的优势相结合，利用优质课程教学资源平台开展教学的一种模式。

在线上线下混合式学习模式的教学中，教学结构被赋予了新的含义，按照李秉德教授的教学模式 7 个要素来分析，每个要素都获得了新的拓展：

（1）教师——从专职教师、行业专家转化成 E – Tutor 和 E – Expert，从传统的课堂走入数字化学习环境，成为个性化、随时、随处、更自由、更及时、更人性的基于互联网的教师。

（2）学生——从被动的信息受体、接受者和被支配者变为主动支配自己的行为、方法、偏好，甚至参与学习内容的构建的支配者。

（3）学习环境——传统教室、实验室、实习/实践场地和工作场所变成了学习者完全可以自己操控和随时实施的网上学习环境、虚拟仿真实训基地和基于物联网的工作场景。

（4）学习内容——从教师单向传授的、固定的、以课程大纲为准绳的知识变成以学习者自主建构的、在实践中加深理解的、负荷岗位技能的学习体会。

（5）学习方法——从单纯的死记硬背和刻苦演算变成学习与实践融合、知识与技能融合、课堂与实习基地融合。

（6）学习反馈——对学习效果的评价上升成为前所未有的重要学习要素，评价学生学习满意度、学生学业成就、学生学习过程有学生档案袋和学生分析系统的支持。

（7）学习目的——从传统的满足于获取良好的考试成绩变为获取信息化专业知识、信息化专业技能、信息化职业能力，养成职业情感和职业精神。

1.2.4　采用线上线下混合式学习模式

在承担"铁路特殊条件货运运输"教学任务上，余老师面临教学班级多，教学内容多的问题，采用传统的课堂教学模式，余老师很难按质按量完成该项工作。选择互联网教学环境，利用慕课，采用线上线下混合式学习模式实施教学，余老师就能较好地解决这个问题，教学实施组织如下。

1. 采用"双课堂"开展线上线下混合式学习

在"铁路特殊条件货运运输"课程教学中，余老师拟采用"双课堂"开展线上线下混合式教学。"双课堂"包括"自主学习 + 探究学习"两阶段课堂组织，如图 1 – 2 – 4 所示，其中，自主学习由教师利用互联网学习平台提供线上资源，由学生有组织地开展自主学习，自主学习中存在的问题可以通过线上学习平台大数据分析获取；探究学习则由教师和学生一起解决自主学习中存在的问题并学习与之衔接的新知识，根据课堂性质可以采取探究、讲授、实操等多种学习形式。

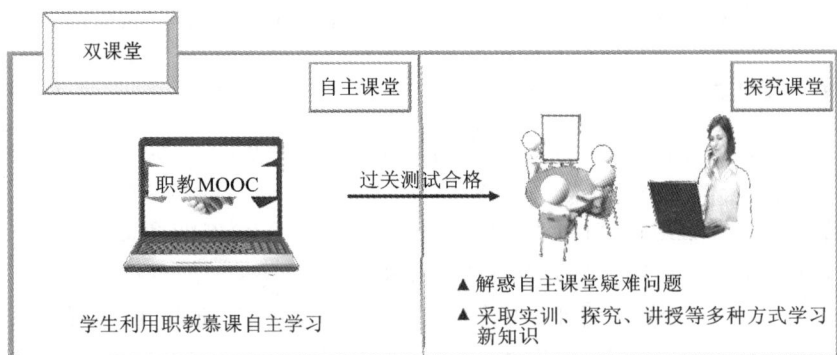

图 1 - 2 - 4　"双课堂"线上线下混合式教学模式

2.进行"双课堂"学习过程设计

自主课堂利用职教慕课平台开展学习，由 1 ~ 2 名学生组织自学，学习环节包括网络签到、观看微课(一般为 8 ~ 10 分钟)、互助练习、线上讨论、过关测试等 5 个学习环节，其中，过关测试环节可在课后进行。过关测试合格者进入第 2 阶段学习，如图 1 - 2 - 5 所示。

教师虽然不在自主课堂，但是可以通过线上平台对自主课堂的自学过程进行全程监控，获取和分析互助练习、线上讨论、过关测试 3 个学习环节的线上学习数据，并主要针对互助练习环节的提问焦点、线上讨论的分歧点、过关测试的出错点，总结出这个教学小班在自学过程中存在的主要学习问题，将其与第 2 阶段探究课堂原定的教学内容相结合，通过教学设计重组成个性化的新的学习方案。

双课堂教学实行过程性考核，由于双课堂教学设计是将整门课程内容划分为若干个"自主学习 + 探究学习"模块，因此，每个"双课堂"模块都要进行学习评测，其中，自主课堂的学习评测采用线上评测形式，可以采用空间微博、线上投票等多种形式；探究课堂多采用课堂评测的形式。

【任务小结】

通过选择网络教学环境这个教学任务，主要认识和理解了网络教学环境类型、常用的网络教学设备、典型的互联网教学环境和线上线下学习模式，以及如何选择合适的网络环境组织教学。

网络教学环境根据网络规模划分为校园网络教学环境和互联网网络教学环境。在校园网络教学环境中还存在一个特殊的网络教学环境——多媒体网络教学环境。在互联网教学环境中，有"互联网 + 课程"和"互联网 + 学习空间"两种典型的网络教学环境。

网络技术发展迅猛，为网络教学平台提供了坚实的基础，现在的网络教学平台不但能提供丰富的教学资源供学生学习，还提供了在线交流、在线答疑、在线测试等功能。因此，充分认识和理解网络教学环境的种类、功能、特点和用途，恰当运用各类网络教学资源，发挥网络教学平台的作用，认真组织教学，就能有效提高教学效果。

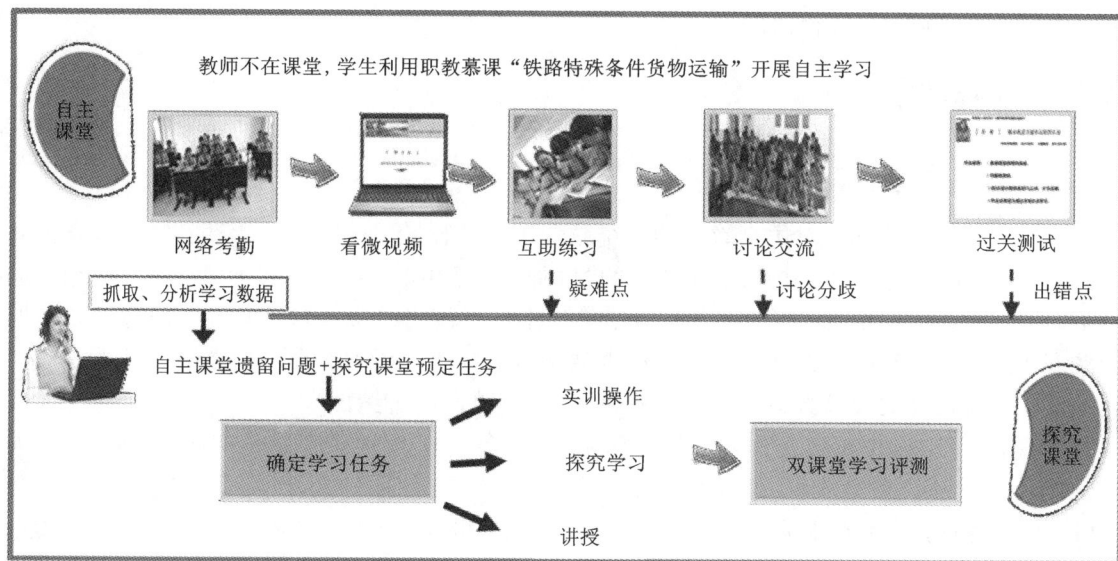

图 1 − 2 − 5　"双课堂"线上线下混合式学习模式

任务1.3　选择虚拟仿真教学环境

【任务描述】

　　王老师是一名铁道车辆的专业教师，负责机车驾驶教学。他在给学生讲授机车驾驶时，感觉自己花费了很多精力，但却收效甚微。原因是学校没有购买机车的资金，也没有机车运行所需的轨道，所以学生无法实际驾驶机车，只能纸上谈兵。面对这种情况，王老师该怎么办？现在虚拟仿真技术已广泛运用于教学，能否利用虚拟仿真教学环境组织教学呢？

【任务资讯】

　　1. 仿真教学

　　仿真教学是一种具有综合作用的教学手段，通过信息技术、机电技术和虚拟现实技术的综合应用，构建真实设备的模型，实现真实设备的主要功能，为师生提供一个近乎真实的教学环境。学生置身于模拟真实设备教学环境中，可以充分调动感觉、运动和思维，极大地提高学习效率。

　　2. 交互式软件仿真教学环境

　　交互式软件仿真教学环境是指符合人类思维特征，以非线性网状结构的超文本形式来组织教学信息的教学环境，是实现教学过程最优化的一种技术手段。

　　交互式软件仿真教学环境融合了当代先进的电子、计算机、多媒体等技术，并运用到教学中。为学生在学习过程中，提供图、文、声、像等多种媒体信息，刺激学生的感官，使学生最大限度地接受信息、吸收知识。

【任务实现】

1.3.1　认识虚拟仿真教学环境

曾经有教育心理学家对仿真教学和传统教学进行了比较，试验结果表明：仿真教学模式下，学生可以记忆约70%的内容，而传统的"教师讲，学生听"教学模式下，学生只能记忆约30%的内容。在虚拟仿真教学环境下学习，学生不再是面对教师抽象的理论，而是可以对照近乎真实的设备进行操作演练。此外，仿真教学可供学生在没有教师参与的情况下自学，并反复试验自行设计的实验方案，这极大地提高了学生的学习能动性。

在教学过程中，虚拟仿真教学技术应用的情况很多，如生产实习、认识实习、课堂演示、课程设计、过程控制、安全教育以及计算机辅助教学等都可以使用仿真教学。其中计算机辅助教学可以设置各种真实系统中无法实现的参数、工艺以及事故发生等，并且具有成本低廉的特点，因此虚拟仿真教学技术越来越受到国内外高校、公司及工厂的重视，并得到了迅猛的发展。

虚拟仿真教学环境的优点很多，主要有以下几点：

（1）为学生提供了充分动手的机会。虚拟仿真教学环境具有强大的交互性能，使得用户可以自己动手设置各种实验参数，并及时地得到结果，这在真实世界中往往是无法实现的。

（2）能灵活地仿真各种真实情况。在仿真软件中，用户可以灵活地设置各种参数、模拟条件，从而可以自如地模拟真实世界中的各种情况。

（3）能灵活地设定各种事故及极限运行状态。通过虚拟仿真软件，用户可以了解真实世界中无法实现的危险性操作或者临界条件。

（4）能自动进行评价。大部分仿真软件都具有评价功能，可以对用户的每一次操作实时评分，使用户即时地了解自己的每一次操作的正确性或合理性。

（5）安全性高。因为仿真软件所有的操作均不是现场实施，所以绝对不会带来危险的后果。

（6）节省开支。因为仿真教学不需要消耗真实的材料，不需要购买真实的设备，所以节省了开支。

1.3.2　认识虚拟仿真教学环境案例

1.城轨列车驾驶仿真系统

该系统按功能模块分为训练和技能考核两部分。训练部分包括：模拟驾驶仿真模块，机车的各种应急故障设置与模拟处理，机车的各种非正常行车作业和模拟处理。技能考核部分包括机车乘务员各项操纵及实验技能考核。该设备可以在三维立体仿真的环境下进行教学实训，使学生的学习实训环境与将来的工作现场相结合。

该仿真系统由以下部分组成：

（1）一台模拟机车操纵台（如图1-3-1所示）。该司机操纵台可与计算机联网，以便实现学员以真实机车操纵方式来驾驶机车，实现牵引与制动等。

图 1 – 3 – 1　列车仿真驾驶操作台

（2）一套大型网络仿真系统主控软件。具体软件系统包括：服务器管理软件、客户端仿真软件、教师设置机软件和操纵台通信软件。

（3）一台教师设置机。用于设置仿真机车状态、线路故障情况及非正常行车状况。

（4）一幅 50 公里的三维数字化机务地理场景。

真实城轨列车驾驶系统设备投资大、占用空间大，让学生直接操作有危险。而有了城轨列车驾驶仿真系统，教师可以在全三维、全仿真的环境下进行教学，使学生的实训环境与将来的工作环境无缝结合，迅速地提高了学习效率。学生可以轻松学会城轨列车司机标准化作业，在学校里就学会开地铁。学生通过仿真系统能够学习到真实的操作技能，能够迅速走上工作岗位。虚拟仿真系统可以解决一系列的教学难题。

2. 硫酸工业制法交互式仿真软件

该系统按功能划分包含工艺流程展示和教学效果检测功能。工艺流程展示功能（图 1 – 3 – 2）是通过交互动画的形式展示硫酸工业制法的工艺流程。学生通过与软件多次交互，获取每次交互的信息，达到学习的目的。学生通过重复操作、重复学习就能较好掌握硫酸工业制法的工艺流程。教学检测功能是系统提供在线测试，学生通过在线测试情况就能知晓其掌握知识的程度。

交互式软件仿真给教学带来一系列的变化，主要表现如下：

（1）改变了几百年来一支粉笔、一块黑板的传统教学手段。它以生动的画面、形象的演示，给人以耳目一新的感觉。交互式软件仿真不仅能替代一些传统的教学手段，而且能达到传统教学无法达到的教学效果。

比如利用计算机的动态特性表现一些动态画面，利用其图画特性表现一些抽象的东西。这在一些辅助教学软件中已表现得淋漓尽致。如数学学科的"几何画板""数学实验室"等课程就是利用计算机的这些特点来实现良好的教学效果的。

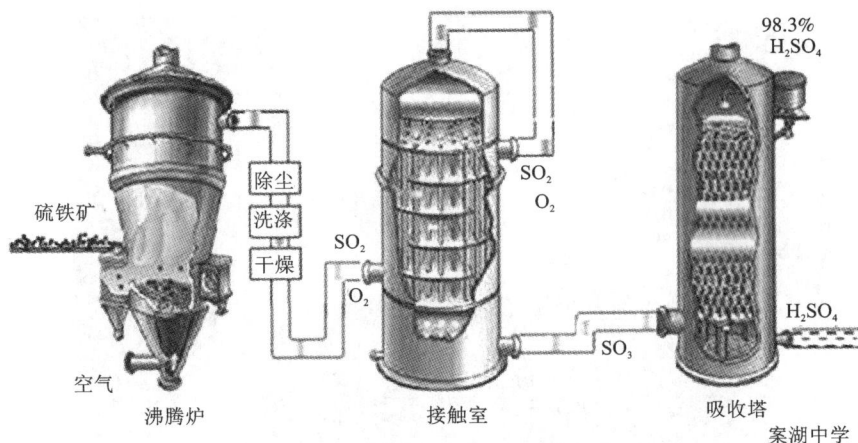

图1-3-2　硫酸工业制法仿真工艺流程

（2）交互式软件仿真除了能表现传统教学无法实现的一些生动的效果外，还可以增加课堂容量，提高课堂密度。利用多媒体、网络通信等手段，使讲解更直观、更清晰、更具吸引力，使学生学得更快且印象更深。从理解或记忆的角度来看，辅助教学都能达到良好的教学效果，它能使课堂容量、课堂密度达到饱和的程度，这是传统教学所无法比拟的。此外，交互式软件仿真具有学习者和教师自由调整和控制学习进程的特点。因此，在因材施教方面也有它独到的一面。

交互式软件仿真
教学环境

（3）交互式软件仿真是一种以计算机软件为载体的教学，软件的易传播性，是引起教学方法进行变革的巨大动力。从历史的角度讲，信息的收集和传播方式的每一次变革，都有力地推动了社会向前发展。在当今的信息社会中，计算机和网络技术推动了现代社会向前发展。同样，好的教学软件，也能推动教学改革的发展。同时，一种好的教学方法也可随着软件迅速推广至全国各地，这就促进了教学方法的更新。我们有理由相信，交互式软件仿真，作为教育信息化工程的一部分，必将会体现它独特的魅力。

1.3.3　使用虚拟仿真教学软件

城轨列车驾驶仿真实训系统由实物驾驶台、真实司控器及按钮、液晶大屏、三维视景渲染处理服务器、声音仿真系统、车载人机界面HMI、综合运算和控制服务器等部分组成。司机驾驶台按照1∶1制造，司机驾驶台设备具有与实际基本一致的尺寸、外观、颜色、手感和操纵力度，都具有可操作性，且与实际列车上的对应设备具有相同的功能与控制逻

模拟真实设备的
仿真教学环境

辑。司机可通过对这些设备的操纵实现列车的模拟驾驶与控制，模拟列车运行时各种状态和车辆牵引/制动等动力学模型。司机驾驶台仿制地铁车辆真实驾驶台，其中司控器采用真实设备，其逻辑功能、机械功能、外观与真车一致；驾驶台按钮选用与相应真实按钮类似的按钮，并根据用户需要以英文、汉语、俄语或其他语言标识开关和按钮的名称。

线路三维模型采用真实地铁线路数据构建。3D视景中包括列车能够到达的所有区域内

的景物和设备，如轨道、架空线路、轨旁设备、沿线景物、隧道及内部设备、站台设备等。所有场景内容、模拟运行的位置与速度都与实际同步并且以原尺寸显示，如图 1-3-3 所示。图像连续、平滑、无跳动。系统可模拟不同天气(雨天、雪天、晴天、阴天)、不同工况下的三维线路场景的运行效果。界面采用多语种版本，默认的英文版如下图 1-3-3 所示。

操作界面

图 1-3-3　列车仿真驾驶系统线路场景

　　3D 虚拟现实场景展示采用液晶大屏，可显示前方线路、车站设备、乘客、隧道内各种设备及沿线景物，可以显示各种突发状况、天气状况、轨道状况，可以更真实地模拟故障发生的场景、故障现象。带给实训驾乘人员与真实一致的操作驾驶体验。

　　系统启动后，屏幕显示如图 1-3-4 所示，驾驶员操作台如图 1-3-5 所示，学员根据驾驶规则，在操作台上完成训练任务。

图 1-3-4　列车仿真驾驶站台场景

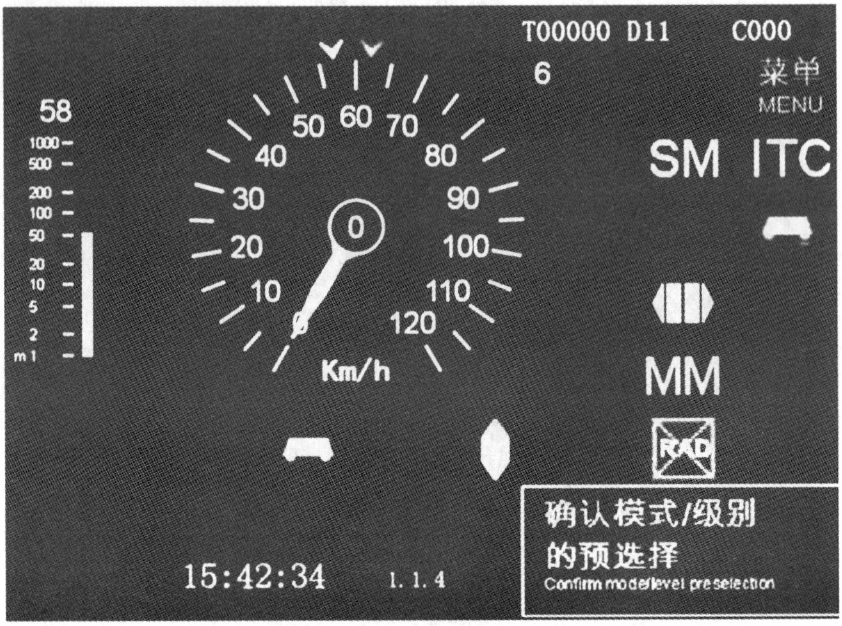

驾驶台HMI界面示例

图1-3-5 驾驶员操作台

✎【任务小结】

虚拟仿真技能的利用能为师生提供一个近乎真实的教学环境。通过选择虚拟仿真教学环境这个教学任务,主要认识和理解了虚拟仿真教学环境的优点和类型,以及如何选择合适的虚拟仿真环境来组织教学。

两个典型的虚拟仿真教学环境各具特点。城轨列车驾驶仿真系统软硬件结合,让操作者身临其境,尽快掌握城轨列车驾驶技能;硫酸工业制法交互式仿真软件完全用软件实现,避免了实际操作过程中所遇到的风险,让操作者掌握工作流程。

虚拟仿真技术发展迅猛,为虚拟仿真教学环境提供了坚实的基础。虚拟仿真教学软件能灵活地仿真各种真实情况。因此,对于一些价格昂贵的训练设备或危险系数高的设备,选择虚拟仿真教学环境,在模拟环境中不断训练,也能提高学生的技能,提高教学质量。

任务1.4 选择远程实时互动教学环境

▦【任务描述】

王老师承担了铁路信号自动专业的一门核心专业课程,他在给学生讲解铁路专业设备标准检修的时候遇到了难题,他想带学生去铁路现场了解铁路职工是怎样维护设备的,但由于铁路现场单位担心学生的安全问题,拒绝了王老师的请求。王老师很苦恼。有一天他在和同事聊天的时候,同事提出可以用远程实时互动教学环境来解决这个问题。可是要想用远程实时互动教学环境来解决该问题，需要配备哪些设备呢？又要怎样实现教学要求呢？

【任务资讯】

1. 远程实时互动教学

远程实时互动教学，就是利用计算机网络通信技术和多媒体技术，以网络作为载体，进行教学工作，克服地理区域和时间上的限制，使任何地方的用户都能够通过网络进行学习，使师生双方能进行实时的、双向交互的教与学的活动。

远程：教与学双方可在距离遥远的不同地理位置，通过网络互相沟通。

实时：教与学双方可在同一时间内，互动交流学习，仿如处于同一教学环境。

互动：教与学双方的"声、影"经网络传送，同时电子白板也可实时分享。

2. 远程实时互动教学环境

要想在实际教学中应用远程实时互动教学来进行教学，我们必须构建一定的教学环境来满足相应教学活动的需求。所谓的远程实时互动教学环境，是基于运行在 Internet、校园网、局域网、基于卫星的教学平台以及一些聊天工具软件，提供文字、音视频、课件等教学内容，让处于不同地理位置的双方在同一时间内互动交流学习的学习环境。

远程实时互动
教学环境

【任务实现】

传统的教学模式在目前的教育教学体系中仍然占据着重要的地位，但其存在着一些局限性。远程教育利用网络技术实现了在空间层面上的跨地域性，可以利用网络进行实时交互，可以把优秀的教育资源存放到网络服务器上，实现资源共享。远程教育是网络教育的重要组成部分，远程实时互动教学能为远程教育提供一个符合信息化教育规律的真正高效的现代化教学手段。远程实时互动教学作为现代教育的手段正在飞速发展，未来支持手机终端和移动设备的远程实时互动教学手段将成为远程教育的重要手段。

1.4.1　了解典型的远程实时互动教学环境

根据使用者利用的媒介不同，远程实时互动教学环境可分为基于 3G 移动网络、基于互联网、基于 QQ 软件群、基于会议电视、基于微信的微信课堂五种教学环境。

1. 基于 3G 移动网络的远程实时互动教学环境——3G 实景课堂

这种远程实时互动教学环境是由湖南铁路科技职业技术学院发明的，并且在很多铁路现场单位和职业院校都得到了应用。

（1）基本原理

通过移动视频采集传输设备，实时采集现场端视音频信号，量化编码压缩后，将数据通过 3G 无线网络推送到学院专用服务器，一路用于实时互联网直播，一路通过校园网传送到教室的教师机终端，实现现场的实时教学。教室端的视音频信号通过固定视频采集设备编码压缩后，按前述路径逆向同步传输到现场，从而实现与现场端的实时交互。

（2）系统拓扑图

3G 实景课堂教学设施主要由硬件和软件两部分构成，如图 1－4－1 所示。硬件是教室端现场端的视频和音频的采集装备，教室端设备配置了摄像头、移动视频采集传输设备、4G 卡、教师机终端、固定视频采集设备。现场设备包括视频采集终端、量化编码及 4G 数据收发设备、通信耳麦、数据线等，如图 1－4－2 所示。开展 3G 实景教学时可以由现场专家边讲解边拍摄，也可由学院教师用 DV 跟踪拍摄现场专家的操作，随时调整适合的角度和距离记录整个教学过程。

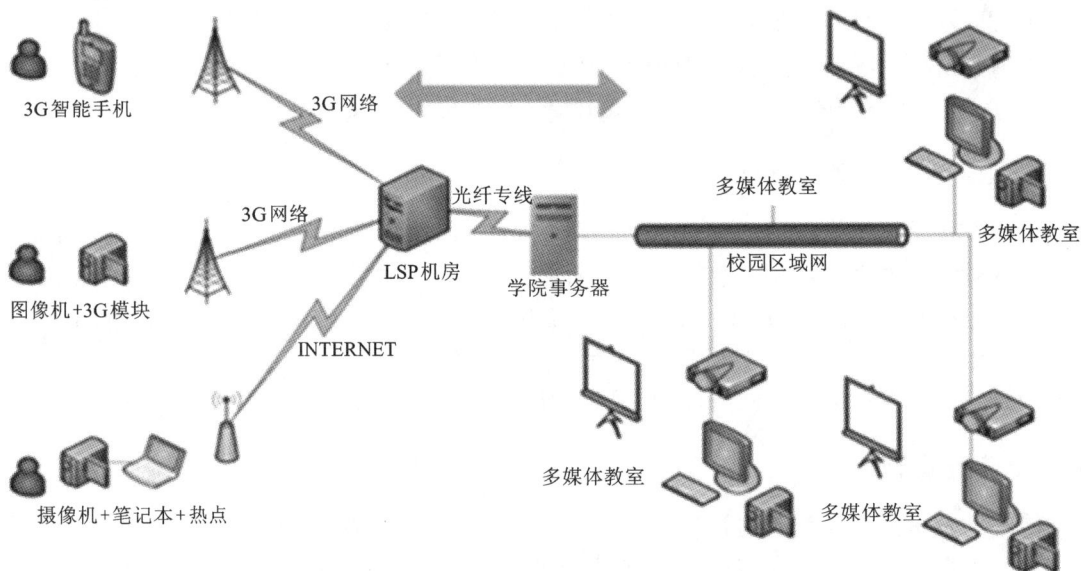

图 1－4－1　基于 3G 移动网络的远程实时互动教学环境系统拓扑图

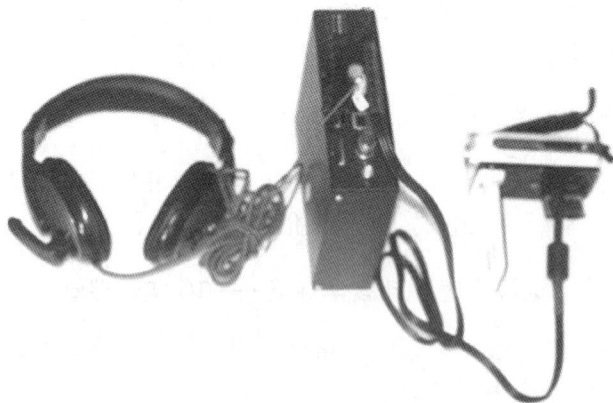

图 1－4－2　现场设备组成图

在开展 3G 实景教学的时候，通过现场端的采集设备，可实时传送现场教学的视频和音频。软件是 3G 实景教学管理平台，它能把现场端的视频、音频进行集成，实现教室和现场的双向互动，完成实时录制，形成视频资源。

（3）实际使用案例

在 3G 实景课堂教室端即可利用 3G 实景课堂专用软件播放现场端实时传送的视频，学生则可以身临其境地感受到现场端的氛围。

学生如对现场专家的讲解有疑问，可随时向现场专家提出问题，进行实时交互，如图 1 - 4 - 3 所示。

(a) 现场专家教学实况

(b) 3G实景课堂教学端场景

(c) 学生与现场专家远程互动

图 1 - 4 - 3　基于 3G 移动网络的远程实时互动教学环境

2. 基于互联网的远程实时互动教学环境

远程实时互动教学环境从上至下可分为互动平台、网络、教学采集三大部分，如图 1 - 4 - 4 所示。

互动平台包含互动教学调度和视频资源管理两个模块。互动教学调度模块主要完成点对点和多点教室之间的音视频互动教学调度及管理，视频资源管理模块则对互动过程中产生的视频教学资源进行存储、管理、编辑、发布、直播、点播。

IP 网络可以选择局域网、城域网、互联网。

教学采集是整个系统的基础组成部分，通过在教室内部署视频会议终端、摄像机、麦克

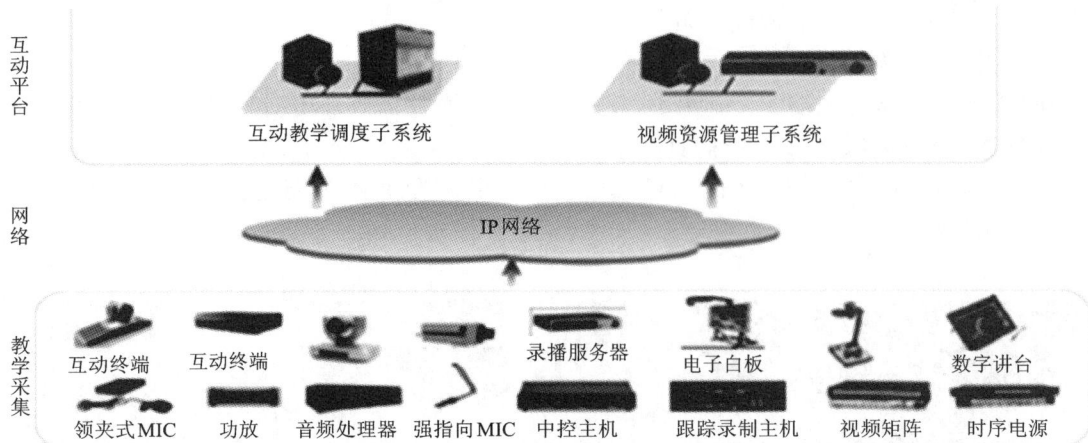

图 1 - 4 - 4　基于互联网的远程实时互动教学环境的设备组成图

风、电子白板、实物展台、录播服务器等多种设备，采集教师特写、学生特写、电脑课件、学生全景、教室全景、黑板板书等多路音视频信号，进行压缩、编码、录制、导播切换。

这种教学环境配置的地点是相对比较固定的，比如固定在一间教室或者一间实训室里面，使用者可以进行比较好的面对面的交流互动。

3. 基于 QQ 软件群视频的远程实时交互教学环境

QQ 可以进行一对一、一对多、多对一的视音频交流，这给我们的交互式教学提供了很好的交流平台。如图 1 - 4 - 5 所示，利用 QQ，学生可以和教师进行及时的交流，教师可以根据学生的反应随时调整自己的教学进度、教学内容。教师还可以通过 QQ 对学生进行个性化的指导，针对学生自身的情况，解决学生的实际问题。学生也可以在 QQ 里给教师留言，解决一些课堂上遗留的问题，形成对课堂教学的良好补充。另外学生之间也可以利用 QQ 进行交流，针对某一问题展开讨论，相互帮助，相互学习。

在这种教学环境下，使用的设备主要是电脑、网络(互联网或移动网络)、QQ 软件、摄像头、耳机、麦克风、音响等。根据现在智能手机的发展情况来看，只要在有移动网络的情况下，一部智能手机就可以替代电脑、摄像头、麦克风和音响完成使用者的交流互动。

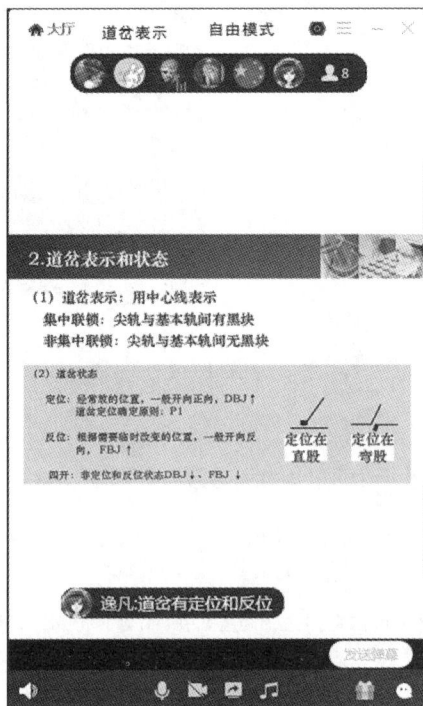

图 1 - 4 - 5　基于 QQ 群视频的远程实时交互教学环境的具体使用案例

4. 基于会议电视的远程实时交互教学环境

会议电视系统由终端设备、MCU（Multipoint Control Unit）设备、传输网络三部分构成。终端设备完成图像、语音信息的编解码，MCU 设备完成各程各终端设备的信息交换，终端设备通过传输网络连接到 MCU 设备上，如图 1-4-6 所示。

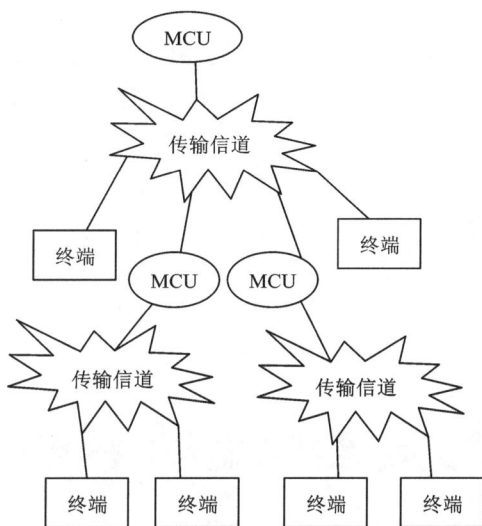

图 1-4-6　基于会议电视的远程实时交互教学环境系统结构图

（1）终端设备

终端设备的核心是编解码器，此外还包括一些必要的外设，如电视机、摄像机、麦克风等，摄像机、麦克风采集本地会场的图像、声音信号，经编解码器编码后送到 MCU，经 MCU 交换后可送到其他终端。编解码器将线路上传来的码流解码后形成模拟的图像、声音信号，送到电视机播放。

在终端设备的操作界面上，用户可以在会场列表中选择观看其他会场的图像，可以控制正在观看的远端会场的摄像机，使画面调整到自己需要的位置，还可以通过申请主席令牌将某个会场的图像广播到所有其他会场。

终端设备在传送图像、语音信息的同时，还可以传送数据信息，实际上是在会议电视的传输信道中分配一定的带宽传送计算机信息。这样，放置在各会场的计算机就可以借助会议电视的传输信道实现信息共享。

（2）多点控制单元（MCU）

多点控制单元是会议电视的控制核心，当参加会议的终端数量多于 2 个时，就必须经过 MCU 来进行控制，所有终端都要通过标准接口连接到 MCU，MCU 按照国际标准 H221、H242、H243 和 T120 等协议的规定实现图像和语音的混合与交换，实现所有会场的控制等相关功能。一般来讲，MCU 分为主机和操作台两部分。主机完成上述协议规定的相关功能，操作台提供主机运行的操作控制，用户通过操作台对主机进行各种操作和发布命令。在 ISDN

公众应用场合，还需要配备营业台，完成对外的预约登记、营业收费等。

（3）传输网络

要组成一个完整的会议电视系统，必须经通信网络把终端设备与 MCU 连接起来，传输信道可以是光纤、电缆、微波或卫星等方式。但在连接至会议电视终端设备或 MCU 时，需保证接口传输速率在 2 Mb/s 以下，即传输速率为 64～1920 kb/s。

5. 基于微信进课堂的远程实时互动教学环境

微信进课堂的远程实时互动教学环境需要的设备由三部分组成，分别是学生的微信端、老师的手机控制端和课堂大屏幕，这三者之间，主要利用微信公众账号"移动语言学习"进行互动。

（1）学生的微信端

每个同学在关注"移动语言学习"之后，都会提示和学号进行绑定。绑定之后，可以在课堂上利用微信和老师进行互动（互动的结果显示在课堂大屏幕上）。课堂上老师提出的问题，学生可以直接用微信将答案回复给老师；也可以通过微信进行小组讨论。如图 1－4－7 所示。

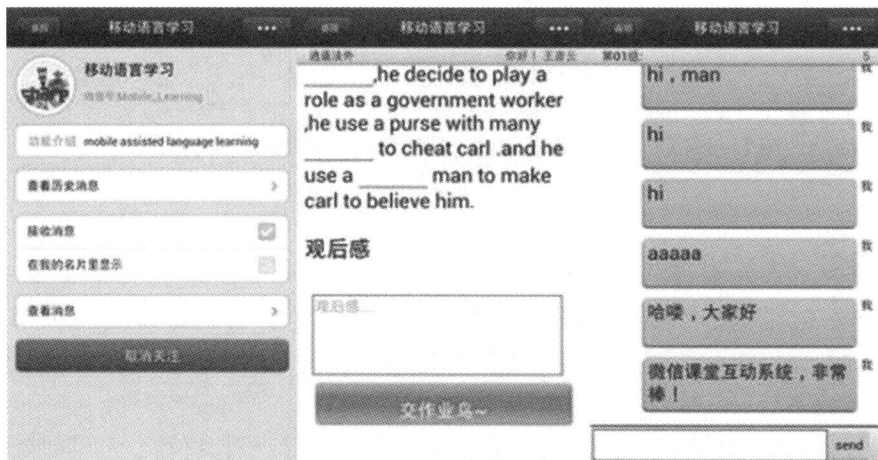

图 1－4－7　公众账号和学生微信端的显示

（2）老师的手机控制端

老师的移动控制端其实是一个特定的网站（基于微信公众账号进行开发的），老师通过手机、平板等移动设备访问该网站，就会自动出现如图 1－4－8 所示的控制界面，可以控制课堂大屏幕。通过该控制端面，老师可以发起一个问题到大屏幕上，引导学生利用微信回复答案、收集学生的答案进行点评、控制大屏幕上的消息墙、查看小组讨论的情况等。

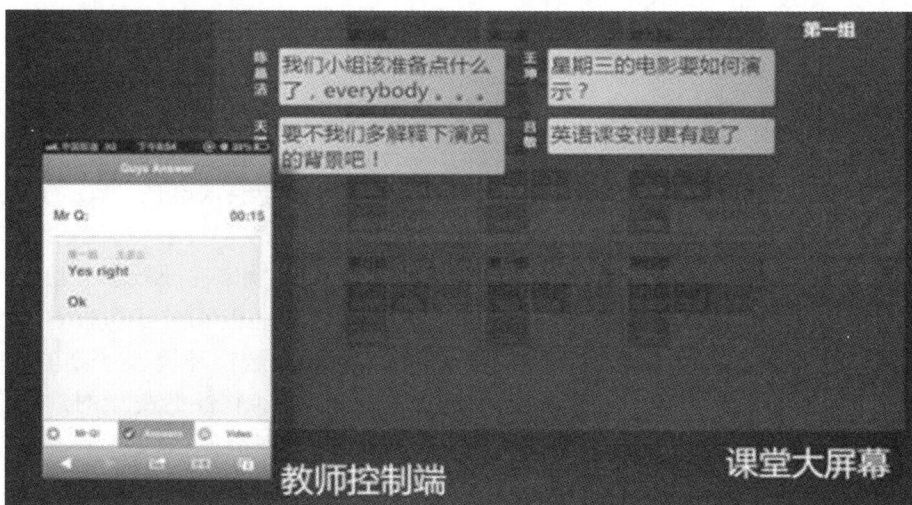

图 1 - 4 - 8　教师控制端和课堂大屏幕的显示

（3）课堂大屏幕

课堂大屏幕则可以将老师和同学的互动状况展现出来，利用教室的投影仪将画面投射到幕布上，如图 1 - 4 - 9 所示。本质上课堂大屏幕也是基于微信二次开发的一个网页，由老师通过手机端进行控制，学生通过微信进行互动。

图 1 - 4 - 9　课堂大屏幕的显示

1.4.2　选择远程实时互动教学环境

王老师在讲授铁路信号设备的检修这堂课时，利用远程实时互动教学环境让学生可以看到现场职工的具体操作及相关的注意事项。根据这些要求，他可以选择 3G 移动网络的远程实时互动教学环境来解决这个问题。基于该教学环境，教师能把现场端的视频、音频进行集成，实现教室和现场的双向互动，完成实时录制，形成视频资源。

【任务小结】

通过远程实时互动教学环境这个任务，主要认识和理解了远程实时互动教学环境的设备组成和应用情况。

远程实时互动教学环境典型环境有基于 3G 移动网络、基于会议电视、基于互联网、基于 QQ 软件群和基于微信五种典型的远程实时互动教学环境。在教学过程中，需要根据教材的内容、教学要求以及教学条件选择不同的远程实时互动教学环境来完成教学活动。

不同的远程实时互动教学环境，特点不同。3G 移动网络远程实时互动教学环境可以让使用者边用边进行录制，并可以回放；互联网的远程实时互动教学环境、会议电视的远程实时交互教学环境就需要配置专门的教学平台，建设费用高；QQ 软件群视频的远程实时交互教学环境、微信进课堂的远程实时互动教学环境相对来说比较简单，只要有网络存在，一台电脑或者一部智能手机就可以满足需求。

任务1.5　选择理实一体教学环境

【任务描述】

王老师使用了远程实时互动教学环境之后，铁路专业设备标准检修内容通过现场的专家讲解，学生了解了一些操作规范和检修流程，但具体如何开展设备检修还是一知半解。以前上课讲解这部分内容时采用的是理论课堂和实训课堂相结合的方式，理论课堂在教室，实训课堂在实训室，但学生在实际操作的过程中总是忘记理论部分知识，王老师需要一遍一遍的给学生讲解，虽然王老师花了很多精力，但上课效果仍然不尽人意。王老师想进行教学模式改革，想把理论课堂搬进实训室，让学生边学习理论知识边进行实际操作。面对这种情况，王老师该如何选择具体的设备才能实现理实一体教学，实现教学做合一呢？

【任务资讯】

1. 理实一体教学

所谓理实一体教学，就是把专业理论知识与实践操作有机结合的教学，它是通过教学主体师生两方边教、边学、边做，在一定的情境中（实训中心或专业教室）共同完成教学任务的方法，是理论教学内容与实践教学内容的一体化，教学场所的一体化，教师专业知识、专业技能与教学能力的一体化。"理实一体"不是简单地从形式上把理论知识和实践操作结合起来，而是根据学生的认知规律和技能掌握规律有机地结合理论知识进行实践操作。

2. 理实一体教学环境

理实一体教学环境，就是配备多媒体设备和教学设备来满足理实教学一体教学需求的教学环境。

🖥 【任务实现】

1.5.1　了解理实一体教学环境

在理实一体教学环境中，教学不必拘泥于教室，教师不必拘泥于讲台，而学生更不必拘泥于座位。教师应该给学生更多的机会，让学生们相互讨论和交流，求同存异，并且学生的交流讨论方式要多样化。在学生分组交流讨论的时候，教师应及时捕捉各方面信息，必要时可以加入小组的交流讨论，帮助学生形成问题，适时的建议和点拨可以拓展学生的思维，进一步推动交流讨论的深入发展。教师必须充分安排学生交流讨论的时间，让所有学生都参与进来，表达自己的观点，积极鼓励学生大胆发表不同的观点，形成争先恐后的交流讨论氛围，追求"无师自通"的教学境界。

1. 理实一体教学环节

（1）理论讲授

教师引领学生观察设备，让学生宏观了解未来工作岗位的基本情况。学生有一定感性认知以后，就会产生很多的疑问，从而调动学生的学习兴趣。此时，教师结合设备的功能，引出设备的结构、原理等专业知识，进行微观的分析，引发学生去思考，为设备操作使用和维护保养打下理论基础。

理实一体教学环境

（2）规范演示

教师根据设备的有关条文进行示范性实验及操作，强调操作安全，使学生掌握设备操作要领和方法步骤，知道未来岗位上该如何标准地使用设备。

（3）跟进练习

在教师的指导下，学生进行操作练习，教师在整个过程中进行指导，排除学生在训练过程中产生的疑问或不解；纠正学生在训练过程中产生的错误或不安全操作，并做出一定的评价和总结。同时，注重培养学生的团队协作能力。

2. 理实一体教室类型

理实一体教学环境，需要尽可能地为各种教学方法提供支持，同时也需要将教室及工作岗位融合在一起，让学生有计划、有步骤地按照老师设定的工作任务，"做中学，学中做"。

因此根据不同的学科专业，理实一体的教学环境在设备选择和布置上会有所不同，通过对现代高职课程的教学研究，我们认为理实一体教学教室存在以下两种形式，即理实一体专业教室和工学一体实训室。

（1）理实一体专业教室

理实一体专业教室对应专业基础知识与专业基本岗位技能型课程。在理实一体教室内进行专业基本知识与技能的学训一体教学。"教、学、练"工作导向的理论实践一体的教学和实训，功能较单一，适合开展专业技能培训与技能鉴定。

理实一体专业教室的设计和建设要贴近真实工作环境。

1）某校理实一体专业教室的区域划分（一）

图1-5-1的教室设置了移动展台、学生学习区、讲台区、大中小型模型放置区、参考书及工程图纸资料区、学生材料放置区，其中参考书及工程图纸资料、学生材料都放在大型模型展台下的柜子里。

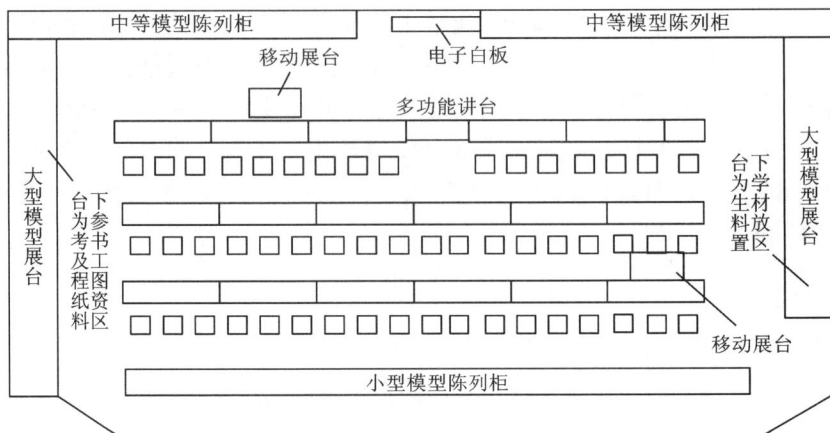

图1-5-1　理实一体专业教室区域划分图（一）

2）某校理实一体专业教室的区域划分（二）

图1-5-2的教室设置了操作区、探究区、设备与器件柜和多媒体理论教学区。

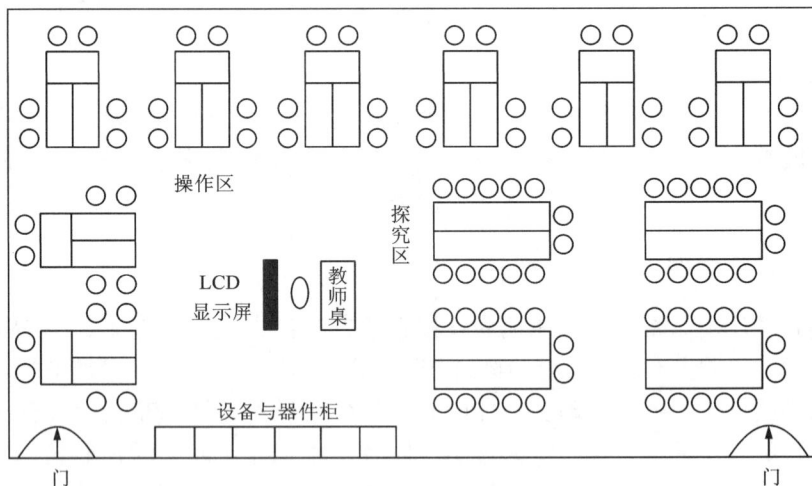

图1-5-2　理实一体专业教室区域划分图（二）

（2）工学一体实训室

工学一体实训室对应工作过程系统化课程，即学习领域课程。在工学一体实训室内创设真实的工作环境，围绕专业核心技能，对接企业项目，进行企业化工作工程实训，实施"做、导、学"的工学一体教学。工学一体实训室功能复合，有助于培养和提高学生的综合职业能力。工学一体实训室设计与建设要突出工作环境、生产经营模式、专业技术技能训练和人际关系协调的仿真性，现代化设备的先进性和职业能力培养的综合性。

理实一体教学环境是建立在理实一体教室的基础之上的，理实一体教学环境的总体宗旨是将理论教学和实践操作合二为一，为了实现理实一体教学环境的教学任务，不同的院校可以根据自身的实际情况进行布置，不同的专业也可根据自身专业特色，使布置的多媒体设备和专业设备有所不同，但就现已建成并且投入使用的理实一体教室来看，大多数的院校和专业都会对理实一体教学环境进行区域划分，每个专业的特点不同，所需要的设备有所差别。如图 1-5-3 为某学院会计专业的一个工学一体的实训室。该实训室划分了四个功能区：多媒体教学区、学生工作台区、仿真会计工作室、外界环境模拟区（包括银行柜台、税所柜台或客户柜台）、实习材料和用具摆放区。

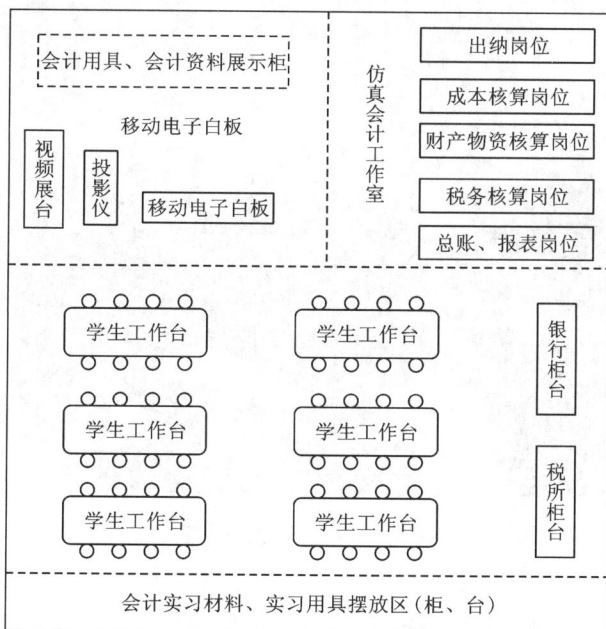

图 1-5-3 工学一体实训室区域划分图

3. 理实一体教学环境区域的设备

通过上面关于理实一体教室的描述，我们会发现，为了实现具体的教学功能，理实一体教室的区域都会划分为几个区域，通常划分为理论教学区、实际操作区、资料查询区、专业环境区，那我们再来了解一下每个区域所配置的具体设备。

（1）理论教学区

这个区域的设备主要包括两大部分：一部分是教师上课用的设备，基本的设备配置为传统的黑板、多媒体讲台、投影仪、幕布、多媒体软件、声音处理系统（功放、无线麦克风、音箱）、网络交换机、高清摄像头、展台等，随着技术的发展，有的院校教师上课采用的是交互式多媒体系统（其中包括投影仪、电子白板）。另一部分就是学生上课用的桌子和凳子，有的专业会在这一部分给学生配置电脑。在这个区域，教师可以方便、快捷、高效地演示多媒体课件，形象、生动、直观地讲解设备工作原理、工作过程等专业知识，使一些抽象难懂的理论知识变得直观而形象，降低教师教学的难度。利用网络将大量的信息带给学生，使课堂教学活动变得更加活泼，富有启发性、真实性，使教师能很好地进行理论授课。

在上课过程中，教师可以将学生分组，将学生的桌椅摆成圆形或其他方便讨论的形状，在教师讲解的过程中，根据授课进度不断地提出问题，让同一个小组的学生相互分析讨论，得出一定的结论结果，然后在实际操作区加以检验，把学习的主动权交给学生，提高学生学习的兴趣，如图1-5-4所示。

图1-5-4 理论教学区

(2)实际操作区

在实际操作区，根据专业的不同可以配置一套或多套模拟或实际设备，按照未来实际工作岗位将设备进行摆放。教师在理论课结束之后就可以到实际操作区进行实际的操作，配置的高清摄像头可以将教师的操作或讲解通过网络传送到电脑上进行现场录制，并且利用投影仪把整个操作过程展示给学生，让学生可以边听边做或者在看完老师的演示之后再动手操作，忘记的时候可以利用回放功能再进行学习。这样可以将实际操作区与理论教学区在空间上融为一体，满足了理实一体教学环境的要求，如图1-5-5所示。在整个教学过程中，教师可以根据教学目标和教学任务的要求，随时到理论教学区进行理论教学，也可以随时带领学生到实际操作区进行学习。在整个教学环节中，理论和实践交替进行，直观和抽象交错出现，没有固定的先实后理或先理后实，而是理中有实、实中有理，真正实现了理论实践一体化。这样的教学提高了学生认识形式的交错性，增强了感性认识与理性认识的同步性，大大提高了学生学习的积极性和学习效率。

图 1 - 5 - 5 实际操作区

（3）资料查询区

在这个区域可以配置计算机、工具柜和文件柜，如图 1 - 5 - 6 所示。计算机可以连接网络，方便学员在遇到问题时查找资料。文件柜可以配备与专业相关的理论知识的教材、图册和参考书。工具柜可以根据具体专业的需求，配置相应的实训材料、仪表和工具。有的专业或院校根据实际情况可能不需要划分这个区域。

图 1 - 5 - 6 资料查询区

（4）专业环境区

为了营造未来工作岗位的实际环境，让学生体会真实的工作场景，可在教室的墙壁张贴各种规章制度、设备的操作流程、设备的结构图和原理图，以及工作注意事项等。

4. 理实一体教学环境的优越性

利用理实一体的教学环境来实现理实一体教学，有以下几个优越性。

（1）教学方法差别巨大

传统的教学方法是"教师讲，学生听；教师灌，学生接纳"的方式，是以教师为中心的授课方式。理实一体的教学环境，改变了这种学习格局，它是教师针对某一项学习任务，预先制订出学习目标，通过学习这个学习目标来掌握某一方面的知识。

（2）被动与主动转换

传统教学中，"教师讲，学生听；教师写，学生记"的教学方式，只是把知识机械地传给学生，它是以教师为主的教学方法，学生只是被动地去接受知识，对疑难问题的解决不够主动，甚至很大程度上是以应付的心态去学习。理实一体的教学环境，是以学生为主体，教师主导，学生主学，是以学生的需求来进行教学的。它能有效地将课堂和实践结合起来，将技能实践融入课堂教学，让学生直接在课堂上学到今后就业所必须掌握的操作技能，变被动学习为主动参与，调动了学生学习的积极性与主动性，增强了学生的实践能力。

（3）密切联系实际

在技能知识传授方式上，传统的教学是在课堂上讲理论，实训场地练操作，中间有十分明显的时间间隔，不利于学生学习。理实一体的教学环境改变了以往这种学习形式的弊端，它把理论学习、实际操作、教学评价讨论融合在同一课堂上，学生在学习完理论知识后，可直接在现场进行实际操作练习，能够及时地把所学的知识运用到实践中去，如有疑难问题，还可及时向老师询问解决。

（4）技能学习系统化

学生的技能学习，以往总是学习单一项目的技能，对这一项目的学习拓展不够，学生掌握的这个技能是片面性的，很难与其他项目学习有机地结合起来，造成技能学习与技术链接的脱节，不能掌握整个技术的流水线型操作。理实一体的教学环境，把传统的理论学习和实训操作有机地结合在一起，并增加了教与学的同步评价讨论方式，让学生在学中做，做中学，极大地增加了学生实际工作的感受。

（5）学生学习能力的培养

传统的理论授课方式是教师说得多，学生讨论得少，很多知识教师说了以后，学生没有亲身体会，很难理解其中的含义，往往显得茫然，行为能力得不到提高。

理实一体的教学环境，是以学生行为为主体进行学习的，在教师的引导和辅导下，通过反复的复习，学生自主学习的能力不断得到加强。

（6）教师能力的提升

理实一体教学能有效地提高师资队伍的理论水平和实际操作能力，并能在教学过程中促使教师不断地去钻研教学方法，不断地去掌握新知识、新技术，以此来满足教学所需，从而不断提高教师的教学能力和教学水平。

1.5.2 选择理实一体教学环境

王老师在讲授铁路专业设备标准检修内容时，他需要利用理实一体教学环境让学生可以边学边做来加深对理论知识的印象和理解，并且他在实做的过程中可以进行指导。根据这些

图 1 - 5 - 7 专业环境区

要求,他可以选择理实一体专业教室。但如果王老师想让学生体验真实的工作环境中具体的工作内容,那他可以选择理实一体实训室。

【任务小·结】

通过选择理实一体教学环境这个任务,主要认识和理解了理实一体教学环境的概念、任务、功能区域划分和主要设备,以及如何选择合适的教学环境等内容。

理实一体教学环境从教学环节到区域划分都有相应的要求,根据教学内容和教学要求,教学需要布置合适的理实一体教学环境。

理实一体教学环境很适合工科类专业课程。汽车修理、数控机床加工、铁路信号设备检修、机车检修等都是要求学生动手能力强的课程,要求学生能很好地掌握设备的工作原理,能根据设备的状况准确无误地判断出问题所在并且能在较短的时间内处理故障。为了达到上述要求,选择理实一体教学环境是一个不错的选择。

【本章小·结】

信息化教学是指师生借助现代教育设备和数字化教学资源进行的双边教学活动,是一种区别传统教学模式的新型教学形态。它依赖信息化教学环境,运用信息技术手段将传统书本知识以多媒体形式呈现于课堂,并通过互联网络、虚拟仿真和理实一体等互动教学,以增强学习者对教学内容的感知与体验,从而达到启发思考、知识运用和技能提升的学习目标,最终提高课堂教学效率。

根据教学场景的不同,信息化教学环境可以分为多媒体教学环境、网络化教育环境、虚拟仿真教学环境、远程实时互动教学环境和理实一体教学环境。

多媒体教学环境主要由多媒体计算机、投影仪、大屏幕、音响、功放等设备组成,构成了简易多媒体教室所需的教学环境,满足教学内容多媒体化的教学目标。也有的多媒体教学环境增加了视频展示台、电子白板、触控一体机、中央控制器、摄像机等,构成了具备课堂交互、课程录制功能的智慧教室环境,可以实现课堂互动和过程记录等教学目标。

网络教学环境主要由多媒体教学设备、学习终端机、网络接入设备、教学服务器、网络教学平台和数字化教学资源等组成，可以构成基于教室终端网络的教学环境、基于校园网的教学环境、基于互联网的教学环境和基于移动互联网的教学环境。教学资源可以存储在专用服务、校园网私有云、互联网公有云上，在网络教学平台的支持下开展网络化教学活动。由于网络教学环境不受学习时间和空间的限制，从而为翻转课堂、课中互动、课后辅导、个性化学习等提供了理想的教学环境。

虚拟仿真教学环境主要由计算机和仿真教学软件构成。仿真教学软件通过模拟真实设备和工作场景、展示工作原理和操作规范、仿真操作过程和操作方法，组织教学活动和开展工程实训，以达到既可身临其境，又安全有效，还可以降低教学成本的教学目标。虚拟仿真教学环境对微观领域、高危环境等人所不便和不可直达的领域的学习和训练是十分必要和有效的。

远程实时互动教学环境主要由企业现场教学环境和课堂教学互动环境构成。企业工作现场通过视频直播方式与课堂教学现场连接，通过企业现场操作、展示、讲解，与课堂提问和企业现场解答互动，拉近课堂与企业之间的距离，达到现场直观、真实体验、节省时效的教学效果。

理实一体教学环境主要由专业教室和实验实训室二合一组成，使教学和训练在同一场景下进行。老师通过对教学任务的描述，结合实物、工具设备、工作原理、工作过程、操作规程、现场讲解，传授相关知识，通过操作演示、注意事项说明展示专业技能和职业规范，通过学生练习和老师指导，在做中学、学中练，教、学、练结合，从而达到提高学生动手能力的目的。

不同的信息化教学环境有其自身的特点，应根据课程的性质、内容和教学要求的不同选择适合的教学环境，还要根据教学环境和课程需求准备配套的教学资源，只有课程、环境、资源和教学方法有机结合，才能达到最佳的教学效果，实现教学目标。

【思考与探索】

1. 试举例说明标准型多媒体教学环境能提供的教学功能。
2. 简易型多媒体教学环境有哪几种常见的配备模式？
3. 互联网具有哪些特点？
4. 目前有哪些典型的互联网教学环境？并举例说明。
5. 试比较精品资源共享课和慕课的异同。
6. 什么是虚拟仿真教学环境？
7. 什么是交互式软件仿真教学环境？
8. 简述构建远程实时互动教学环境需要的基本设备有哪些。
9. 简述远程实时互动教学的优点有哪些。
10. 试举例说明远程实时互动教学环境能提供的教学功能。
11. 目前还有哪些远程实时互动教学环境？请举例说明。
12. 采用理实一体教学环境进行教学有哪些优越性？
13. 假设你要采用理实一体化教学环境进行教学，你会怎样设计教学环境？

第 2 章
认识信息化学习方式

【教学情境】

　　教育信息化进入了 2.0 时代，教学手段从传统的多媒体教学升级到 MOOC、SPOC 等形式。教师可以通过在线教学平台对教学对象、教学内容、教学活动进行全程指导，学生可以通过线上线下互动学习和交流使学习更加具有针对性、适时性和有效性，从而进一步提高课程教学的效益。教学要以学生为中心，充分挖掘学生的自主学习能力，提高学生的团队合作能力，提升学生的探究能力。丰富的 MOOC、SPOC 资源为学生开展自主学习、合作学习和探究学习提供了强有力的支撑。老师必须充分认识、理解和掌握这些信息化学习方式，才能根据课程教学特点，充分发挥信息化学习方式的作用，增强课堂吸引力，提高课堂效果。

【解决方案】

　　作为一名职业院校的老师，在教学上选择合适的信息化学习方式并充分发挥信息化技术的优势，是其必备的技能，也是开展信息化教学的前提。为更好地掌握该项技能，首先，我们要认识信息化自主学习、信息化合作学习和信息化探究学习等学习方式，了解它们的特点和教学环节。其次是能够根据课程内容特点和教学需求，选择合适的信息化学习方式，发挥其优势，提高教学效果。图 2－1－1 为认识信息化学习方式任务分解图。

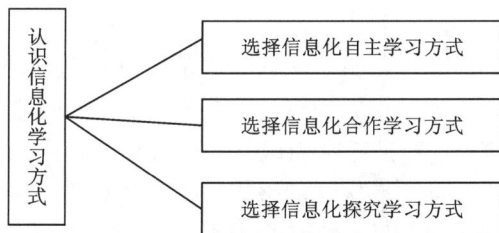

图 2－1－1　认识信息化学习方式任务分解图

【能力目标】

　　知识目标：能够运用信息技术和教育技术知识，识别信息化自主学习方式、信息化合作学习方式和信息化探究学习方式。

　　技能目标：能够根据教学内容要求，选择、运用合适的信息化学习方式。

　　素养目标：能够根据教学要求，自觉运用信息化学习方式组织教学，开展教学活动。

任务2.1 选择信息化自主学习方式

【任务描述】

刘老师是英语专业的教师，在教学中明显感觉学生学习英语具有盲目性，目前的大学英语教学，仍旧是以课堂教学为主要方式，信息化则是重要的辅助教学手段。"大学英语课程教学要求"明确提出：各高等学校应充分利用现代信息技术，采用基于计算机和英语课堂融合的教学模式。其倡导的新的教学模式应以现代技术特别是网络技术为支撑，使英语的教与学不受时间和地点的限制，朝着个性化和自主学习的方向发展。学习资源丰富和学习方式灵活多样为信息化英语学习奠定了基础。为顺应新的教学模式的需求，刘老师该如何选择合适的学习方式呢？

【任务资讯】

1. 超媒体

超媒体不是各种信息媒体的简单复合，而是一种把文本、图形、图像、动画和声音等形式的信息通过超文本的形式结合在一起，并可通过计算机网络广泛传播的新型信息组织方式。

2. 信息化自主学习方式

自主学习是指学生在相对独立的情况下，将自己的学习行为作为监控对象，自我设计、实施、修正的，充分发挥主体性的学习活动。信息化自主学习方式具有如下特征。

信息化自主学习方式

（1）层次性

任何学生都不可能一次就掌握每一部分的学习内容，基础知识点可能要来回地复习，进一步深入理解。知识点是层层递进的，每一个知识点的核心概念都会为下一个知识点的学习奠定基础，对前一个知识点的理解程度则决定是否会为接下来的学习带来障碍。布鲁姆等人将教学活动所要实现的整体目标分为认知、情感、心理运动等三大领域，并从实现各个领域的最终目标出发，确定了一系列目标序列（布鲁姆认知领域六层次学习）。信息技术为学生提供了丰富的学习资源和知识的整体结构层次导向，通过层层链接，知识可以得到拓展，从而加深对其的理解。可汗学院利用了网络传送的便捷与录影重复利用成本低的特性，每段课程影片长度约十分钟，从最基础的内容开始，以由易到难的进阶方式互相衔接。在传统的学校课程中，为了配合全班的进度，教师只要求学生跨过一定的门槛就继续往下教；但若利用类似可汗学院的系统，则可以尝试让学生掌握每一个未来要用到的基础观念之后，再继续往下教学，进度类似的学生可以重编在一班。

（2）交叉性

知识并不是简单的线性关系，而是呈现出逐渐深入的网状结构，任何人在接受教育的过程中所使用的思维方式和衍生的问题都是不同的，信息网络平台的使用，使这些不同的问题得到解决成为可能，更能激发学生自主寻找知识范围内的相关知识点的热情，也能建立起不同学科之间的交叉联系。

（3）可控性

教师控制课程的节奏相对单一，学生接收知识的理解程度不同，但所有人都必须去适应这个进度。自主学习的方式能让每个学生找到适合自己的学习节奏，如果学生能够轻松地理解一个概念，他就可以加快进度，如果某个概念比较难理解，学生就可以按下暂停键或者重复复习。随时随地的学习和自主掌控节奏能从根本上激发学生的学习热情与兴趣，而那些真正掌握自学进度的学生需要另外一种资源——对于已学过的课程，学生必须有易于获得且源源不断的复习资源。与传统的课堂相比，互联网在这方面具有很大的优势，课程可以重复利用，学生很容易找到需要的东西，某个软件能够将学生学习的内容记下来，能在合适的时间自动提醒其进行复习。

【任务实现】

2.1.1　了解信息化自主学习方式的手段

随着信息技术的发展，信息化学习资源越来越丰富，在教学过程中，可应用的信息化教学手段也越来越多。信息化的手段能够更加方便地为学习者所用，有时还可以使学习者按照自己的节奏来学习。常用的信息化教学手段有如下几个。

（1）学习网站

网络学习资源丰富全面，自学者可以根据需要查询登录各种学习网站，下载搜索到的资料。有一系列的课程网站，如网易云课堂、爱课程网、慕课、可汗学院等，它们都提供了优质的免费公开课。这些课程网站功能强大，在学习网络课程时，网站会自动记录你的学习进度，提醒学习时间，提供巩固学习的题目。如在网易云课堂打开"我的课程"后，就能查到播放记录、我的笔记、我的讨论；也可以进行播放课程内容、做笔记、划词翻译、收藏课时等操作。

对于英语学习者，常用的学习网站有恒星英语学习网、可可英语学习网、大耳朵英语学习网、英语听力课堂、普特英语学习网等。网站内部会根据不同学习者的需要，分类整理更新英语学习资源。很多时候，我们只需要在手机上安装某个学习网站的 APP 客户端，就可以享受学习网站的资源。

（2）专业化的学习软件

目前，互联网提供了许多专业化的学习软件供学习者学习。如对于英语学习者，提供了有道、金山词霸、牛津等学习软件，学习者用电脑或手机下载安装这些软件就可以随时随地学习英语。

（3）网络沟通平台

网络沟通平台是学习者互相交流、互相分享、互相学习的平台。现在的 QQ 群、讨论组、电子邮箱甚至各种贴吧、论坛等都是一些常用的网络沟通平台。学习者会利用这些平台寻找学习合作伙伴，分享学习经验，共享学习资料等。

2.1.2　设计信息化自主学习的教学环节

学习是知识意义的主动建构过程，教师建立的个人学习空间或网站、APP、学习网站（慕课、私播课、爱课程网）等，都是用来构建学习者的自主学习环境的。例如教师在网站中建设了英语网络课程。点击网站,进入页面后,就能清楚知道整本教材的脉络,每一章的内容是怎么分布的,与各个相关课程结合的知识点是哪些,具体到每一节,又有哪些知识点需要掌握。学习具体章节,将每一节内容分为几个任务,按照课前、课中、课后环节进行自主学习。课前:看一看,想一想;课中:学一学,做一做;课后:练一练,再提高。其中专题学习网站导学模块,采用文本和视频结合的方式,对学生进行导学;每个单元也设有教师导学。在教师导学中创建链接点,与视频点播系统链接。教师可以进行动态导学,网站建有在线咨询模块,学生可以在线向教师咨询,也可以通过自由讨论或以发 E - mail 的形式进行教学交流。课程分段导学,学习 APP 上由简单到复杂设计的课程知识内容,定时授课学习。或者根据自己的需求,选择合适的学习内容。教师利用学习导航展示教学内容,学生可以了解课程中将要学习的知识点;增加在线测试、疑难解答、在线交流栏目,为解决学习者在学习这门课当中遇到的一些相关问题提供了通道。

第一阶段:授课前

(1)完成教师网络上布置的预习任务

教师首先在课堂上向学生展示完整的教学知识体系,让学生对课程内容有个整体把握,然后讲解课程内容和重难点,组织学生围绕教学主题展开小组讨论,通过各种学习资源(视频、课件等)、角色扮演以及情景模拟等方式调动学生的学习积极性和参与性,加强学生对所学知识的运用,完成正常的课堂教学目标。教师按照教学大纲的课时要求集中授课,在保证课堂质量的同时,尽可能地为学生开展自主学习留下更多的时间。

(2)学生自主学习

学生在教师协助下确定学习目标。学生根据教学主题搜集资料,根据老师预设的问题进行自主预习,初步制订自己的学习目标,实现初步意义上的知识建构。然后师生展开讨论交流,教师根据学生的个人学习情况,协助其确定最终学习目标。

第二阶段:授课中

(1)学生在教师指导下制订学习计划

教师在 QQ 群里发布学习任务,学生根据任务要求开展群内讨论,集思广益,制订自己的学习计划,并定期发表、上传学习心得和计划进展情况。整个计划执行和完成的过程对学生自主学习能力和合作学习能力的要求都比较高,因而,在学习过程中学生难免会遇到一些难题。教师需要及时沟通了解,充当学生的学习顾问,帮助学生顺利完成学习任务。

(2)教学内容深化学习

多媒体网络技术不但能提供形象直观的交互式学习环境,而且可以结合图、文、声、像等技术手段,给人以感官刺激。这既有利于语言学习情境的创设,也可以激发学生学习的兴趣,促进交互式会话和协作学习。而通过超文本和超链接的形式来组织学习资源和信息,可以帮助学生主动探索和建构知识,促进其认知能力的发展,这也正是建构主义理论倡导的自主学习环境所应具备的基本要素。结合教师的多媒体课件及讲解,完成课程的学习,达到教材的教学要求。QQ 作为即时通信工具,几乎每个学生都会使用,其功能强大而且便于操作,既可以实现即时在线沟通交流,又可以在群共享空间发帖、评论、上传、下载资料。因此,QQ 群可以说是为大学英语多媒体网络学习教学模式的开展提供了比较理想的教学平台。

(3)定期组织交流活动,了解学生学习进展情况

为了及时了解学生的学习进展情况并进行有效的指导,教师要组织学生定期进行讨论交

流。交流的方式可以是 QQ 群聊天、QQ 视频会议、QQ 空间跟帖发表评论等。大家可以针对学习中出现的问题展开讨论,发挥集体的智慧共同解决问题,也可以互相分享学习心得。教师可以针对学生在学习中普遍出现的问题在群里进行统一指导,也可以根据学生的具体问题进行个性化指导。在学生自主学习的过程中,教师不但要给予学习内容上的指导,也要关注学生的学习心理,使他们保持自主学习的热情。

第三阶段:授课后

借助网络学习进一步巩固和深化学习的效果。例如,利用班级 BBS 或 E – mail 展开师生讨论,制作展示课程相关资源,利用网络课程测试系统强化训练并自我评估等。

(1)汇报学习成果

教师在一个单元教完或者学期末要组织学生进行学习成果汇报。学生要按照教师事先发布的成果汇报要求整理好学习成果,并用多媒体的形式(鼓励结合文字、图片、音频、视频等方式)进行讲解和展示。成果汇报结束后,教师组织学生开展讨论,互相反馈并提出修改意见。学生根据老师和同伴的反馈意见进一步修改、完善自己的成果,然后把学习成果上传到 QQ 群空间。这样不仅可以丰富集体学习资源,还可以促进同伴之间的互相学习和交流,提高学生学习的主动性。

(2)评价反馈

成果展示完毕后,教师根据事先确定的评价方案,对学生的学习过程和学习成果进行评价。评价方案是在学习任务发布之前就已经征求学生的意见并多次修改确定下来的。基于 QQ 群的自主学习教学模式,采用形成性评价与终结性评价相结合,教师评价、自评和互评相结合的多种评价方式对学生的学习效果进行评价,以确保客观真实地反映学生的学习情况。评价反馈的过程有助于学生不断总结和反思自己的学习方法,对自己的学习方法和策略加以改进和完善,从而促进自主学习能力的进一步提高。

【任务·小结】

通过选择信息化自主学习方式这个任务,主要认识和理解了自主学习方式的概念、特征,信息化教学手段和信息化自主学习的教学环节。

信息化教学手段众多,有学习网站、学习软件和网络沟通平台,这些手段为学生的自主和个性化学习提供了良好的条件。在教学过程中,需要根据教材的内容和教学要求选择合适的信息化教学手段,设计合理的教学环节来完成教学活动。

信息技术发展迅猛,数字化教学资源越来越丰富。随着教育信息化的发展,从最初多媒体教室的计算机辅助教学到 MOOC、SPOC、微课和翻转课堂等,学习方式也随之改变。在教学过程中,应合理选择信息化教学手段和学习方式,充分挖掘学生的自主学习能力。因此,充分认识和理解自主学习方式的概念、特征,有效开展信息化自主学习,能有效地提高学生的自学能力。

任务2.2 选择信息化合作学习方式

【任务描述】

王老师是负责艺术设计的专任教师,负责网页设计这门课程,此课程需要每位同学完成一个综合网站设计。该课程属于专业核心课程，要求学生具有比较深厚且扎实的专业功底。大部分学生在学习过程中都会感觉到困难，无从下手，从以往的经验来看，最终完成的整体作品质量一般。因此，王老师拟采用信息化合作学习方式，加强学生间的合作，更好地完成作品。王老师该如何开展信息化合作学习方式呢？

【任务资讯】

1. 信息化合作学习方式的概念

教育学家赫伯特·西伦称："如果任何事情都由本能驱动的话，那么合作学习就是一种社会本能。如果不进行合作，我们甚至不清楚自己是谁。"美国学者约翰逊兄弟认为："合作学习就是在教学上运用小组，使学习者共同活动以最大限度地促进他们自己以及他人的学习。"以上名言充分体现了合作学习的重要性。国外已有的研究也指出，合作学习是一种基于比较复杂或较高水平的认知学习任务，适用于基于情感态度价值观的学习。

信息化合作学习方式

信息化合作学习是指在信息化学习环境中，学习者在教师的指导下，以小组为单位，为达到共同的学习目标，完成共同的学习任务，利用信息技术获取、分析和处理学习资源，得到学习服务支持，进行分工协作，相互交流，以实现学习目标的过程。在信息化合作学习中，需要开展团体活动。这些团体活动包括如何分工、如何监督、如何处理困难、如何维持团体中成员间的关系等。

2. 合作学习的基本要素

（1）学习共同体

学校中的学习共同体是指由学习者和助学者（教师、专家、辅导者和家长）构成的，以共同完成一定的学习任务为载体的共同体。他们有共同目标——促进成员全面成长；经常在一定的支撑环境中共同学习，分享各种教育资源。强调在学习过程中以相互作用式的学习观作为指导，通过相互对话、交流，进行人际沟通，分享彼此的情感、体验和观念，分享各种学习资源，在共同活动中形成相互影响、相互促进的人际关系，形成具有强烈的认同感和归属感的学习集体。学习共同体与传统教学班的教学组织的主要区别在于强调人际心理相容与沟通，在学习中发挥群体动力作用。在群体中积极的互相依赖，不仅要让学生们为本身的学习负责，并且还要学会为小组中其余同伴的学习负责。同时也是为了让学生们知道当他们通过小组合作这种学习方法展开学习时，只有他们的组员取得成功，他们才会取得成功。

（2）分组

成员分组应根据学习者的成绩、性别、能力、社会文化、背景、认知风格和学习风格等特征的差异合理分配，将具有不同特质的学生分为一组，小组中不同信息的输入和输出，会激发出许多不同观点，提升每个成员的认知力和理解学习能力。在合作学习中分小组遵照的法则为小组与小组之间是同质的，小组组内成员之间是异质的。小组的组建，一般是 3～5 人，而且要保证组与组之间的平衡，组内成员的差异互补。分组完毕后，不再随意调换组内成员，尽量保证小组的完整性和持续性。有研究证明：4 人组成的小组最为灵活高效，它便于随时调整配对形式及人员搭配，提高合作学习的效率。因为人数较少的小组可以保证每个学生有充分的表达机会，更好地承担个人的责任，减轻个人的心理压力，并且促进小组成员的积极互动。

（3）角色分配

合作学习中组员的角色分配是成功合作的要素之一。教师依据教学问题的难度系数设置不同角色。为了完成学习任务，团队的每个成员都得具有互补和相互关联的角色，一般设置有组长，负责全组活动的统筹，确保任务按时完成；监察者，负责监察和督促各小组成员完成自己的任务；记录员，负责记录组员的发言；总结者，负责总结归纳小组观念。这种角色分配可以让每一个小组成员在达成小组目标的过程中，发挥自己的影响，同时也可以形成强烈的集体意识。

（4）个人责任

个人责任说的是在合作活动中，每一个学生都需要完成一部分的学习内容，与此同时还要完成小组所分配的内容。个人责任一般都是先评估每个学生的表现，然后把结果告知个人和小组成员，让每一个学生对团队的成功负有不能推脱的责任，这种方式可以有效地防止在合作学习过程中的"搭车"行为。在个人责任的保证中，约翰逊等人提出的几点建议可以作为很好的指导：第一，小组成员要少，因为这样可以使个体承担的责任越大；第二，合作结束后对每个学生进行测验；第三，随机选择某一学生让他汇报小组作业的进展；第四，观察每个小组的表现并记录每个小组成员对小组任务完成所做的贡献；第五，让学生将他自己所学到的知识教给其他某个成员。

（5）社会技能

合作需要学生彼此之间进行交流、沟通等来解决学习问题，这个过程是复杂的。因为在这个过程当中有两种学习活动，一种是通过合作学习掌握有关的学科内容，另一种是通过合作活动，学会如何运用有效的技能来让小组合作发挥其最大的功能。一般来说，如果学生的社交技能水平较高，同时教师又对学生运用技能给予一定的奖励，老师个人在教学中也十分注重社交技能的有关教学，那么学生从中获得的成就也会越大。总而言之，在合作过程中，必须有良好的社交技能作为中介，这样学生们才能进行很好的沟通交流，学会共同生活，有效地解决小组内部的矛盾和冲突等。

（6）合作学习环境

信息化环境下的合作学习不同于传统的合作学习，因为信息技术工具的有效介入，使得学习环境也发生了变化，除了以往的课堂环境，还有课下的网络环境，细致地划分，大致分为组织环境、空间环境、硬件环境和资源环境。组织环境其实就是小组组建，包括小组人数的划分和角色的分配等；空间环境就是用于学生开展合作学习活动的主要场所，有班级课堂、网络环境（包括一些网络交互平台）等；硬件环境指的是在合作学习中所利用的硬件条件，比如计算机、互联网、多媒体等；资源环境是指学生在小组合作中所要用到的资源，可以是教师事先准备好的纸质资料，也可以是学生通过互联网查找的资料等。

（7）评价

学生自评：教师给每个小组两分钟先让学生展示自己的作品并进行简单的评价，如介绍自己作品的制作方法和创意之处，解释网站设计的主题风格、色彩搭配等，简单评价优点和不足。学生针对自己小组的作品进行自我评价，向其他同学分享自己小组在创作作品过程中遇到的问题以及是如何解决的，讲解本组作品的创作思路，以及每个人员在小组中的分工，最后对作品进行客观的评价。

小组间相互评价：教师选择几个小组，派小组代表评价其他小组成员的作品，相互借鉴，取长补短。

组内评价：教师挑出两个小组的组长，依靠任务明细单评价本组成员的参与情况，描述在完成任务过程中发现问题的过程，以及如何解决问题，评价每个小组成员的学习过程。

教师评价：最后对小组进行简单的评价，以鼓励和表扬为主，肯定学生在学习过程中的良好表现和团队合作精神，最后和学生一起挑选出比较有创意的作品放在网络上展示。

3. 任务型合作学习

任务型合作学习的过程主要是小组合作完成任务，并完成具有真实性和现实的所有语言交际活动的任务。在 Bangalore 教学项目中 Prabhu 提出，可以把任务型的课堂教学分为任务前、任务中和任务后三个阶段。在任务开始前，根据教学目标和计划，教师给学生指定一个真实性的任务，让每个学生思考有关任务的解决方案，这属于任务前阶段；教师引导学生解决任务，小组讨论和交流，属于任务中阶段；教师和小组之间相互评价、总结、反思等是任务后阶段。

4. 信息化合作学习方式的特征

（1）参与性

合作学习避免了班级集体教学中，相当一部分学生由于得不到充分的参与而被动学习的状况，赋予了全体学生远比传统课堂教学中多得多的参与学习的机会和权利。每个学生都能选择符合自己兴趣的研究性课题，并在课题小组中承担一部分研究任务，随着研究的深入，参与程度的提高，自身的潜能得到发挥，获得了新知识，提高了研究、创新能力。在小组学习过程中，基础较差的学生有更多的机会目睹基础好的同学所做的示范；同时，与那种不承担个人责任的小组中的同学相比，学生具有更多的责任感，有了责任感，就可以促进学生积极参与学习。

（2）互动性

小组合作学习是学生之间互教互学、彼此交流知识的过程，也是互爱互助、相互沟通情感的过程；使学生有更多的机会给予或接受帮助，因为提供帮助的人不仅是教师一个人。在进行解释的过程中，不管是给予帮助还是接受帮助，都促进了给予者与接受者双方的学习。利用小组合作开展信息技术课学习，不仅能使学生"学会""会学"，而且能使学生"乐学""好学"，因此是一种比较合适的教学组织形式。

（3）共享性

信息化的学习环境由计算机网络、网络基本服务、数据仓库、应用支撑系统以及信息服务系统组成。随着信息化的发展，网络学习环境也在不断发展。网络环境是指将分布在不同地点的多个多媒体计算机物理上互联，依据某种协议互相通信，实现软、硬件及其网络文化共享的系统。学习者可以与同组合作的学习者共同学习，也可以与不同年龄、不同知识背景、不同能力的伙伴共同学习，使得人际参与的开放性在理论上得以无限延伸。有利于探索思维，帮助归纳。资源的共享，可以根据自己的需要，获取高质量的资源，每个小组之间再进行资源共享。

【任务实现】

2.2.1　设计信息化合作学习的任务

　　王老师在组织学生合作学习前的准备：给出理由，通过浏览优秀网站，感受网站版面、风格和内容等方面的亮点。有意的引导：如果是你去做这项工作，能完成吗？学生一般会摇头说一个人干不了，教师适时强调并让学生明确合作的必要性与重要性。在网页设计这门课程中，建立主题网站这一部分内容，是在掌握网站建立的方法以及简单网页元素添加与设计的基础上的一个综合应用。

　　从学生的角度来看，学习新内容之前应该具备的知识和技能：能熟练地掌握网页浏览、资料的查询与下载的技巧；基本掌握文字的排版与修饰功能；根据学习的需要，能基本选择和使用一些适合的信息学习工具。首先小组成员讨论热点或感兴趣的话题，并浏览一些网站，感受不同主题网站的版面结构和设计风格，然后确定小组网站主题；接着搜集与主题密切相关的素材，包括文字、图片、音频、视频、动画等，将搜集到的素材分类保存；最后选择熟悉的网页制作软件 FrontPage 或 DreamWeaver 完成站点的创建以及相关网页的制作，明确超级链接的重要作用。

　　从教师角度来看，王老师首先要对知识点进行系统的分析，确定合作任务，达到合作学习的目标。要求学生能够熟练使用搜索引擎，搜索与主题相关的信息，并进行有效筛选；正确下载文字、图片、音频、视频以及动画信息，并能够进行分类存放；学会使用表格布局页面，正确使用超级链接将网页连成一个有机整体。加强项目管理技能的培养，同时提高学生解决问题的技能。在活动中强化小组意识，使学生乐于合作、乐于分享。

2.2.2　开展信息化合作学习活动

　　王老师将任务划分为三个合作学习活动，见表 2 - 2 - 1。

　　在活动过程中，需要制定计划表，并作出明确的分工。小组活动能促进学生之间的交流，及时发现问题，制订解决方案，系统地了解并掌握网站的制作过程。小组成员发散思维，积极讨论，形成共识。根据网站建设工作安排，细化任务，明确分工，然后利用 Word 软件制定工作计划表，这也是培养学生项目管理技能的一个重要环节。

表 2 - 2 - 1　合作学习活动表

活动一	
要素	描述
目的	确定网站主题，制订计划表
类型	小组交流讨论
范围(时间、地点)	时间：约 20 min　地点：计算机室
合作者	小组成员
信息化工具	计算机，Word 软件

续表 2-2-1

活动二	
要素	描述
类型	分工完成作品
范围(时间、地点)	时间：约1.5课时　地点：计算机室
合作者	小组成员
信息化工具	计算机搜索引擎，Word软件

请详细描述合作学习过程：学生根据自己的主题要求，确定版面风格，设置相关栏目，搜索信息，将所有资料分类存放，小组成员可以共享资源

活动三	
要素	描述
类型	分工完成作品
范围(时间、地点)	时间：约4课时　地点：计算机室
合作者	小组成员
信息化工具	FrontPage，DreamWeaver

请详细描述合作学习过程：学生利用网页制作工具开始创造站点，并开始设计主页和其他网页。在活动过程中及时发现问题，并进行有效的讨论，提供切实可行的解决方案

2.2.3 使用信息化工具

在信息化合作学习过程中，需要使用一系列的信息化工具，具体情况如下：

使用 Word 软件制订工作计划表、小组分工情况。

使用百度、搜狗等搜索引擎搜索所需要的内容，建立资料库。

使用 FrontPage 软件或 DreamWeaver 软件制作网页。

使用电子教室交流展示所完成的作品。

使用网盘保存资料。

2.2.4 开展信息化合作学习的评价

合作学习的评价内容主要包括：学生完成任务的情况以及学生在学习过程中的学习情况的评价(表2-2-2)。总的来看，学生都成功完成了任务。

表 2-2-2　合作学习评价表

评价工具或方法	评价过程描述
过程观察(量表)	在学生活动过程中，老师注意观察小组成员的参与度，讨论问题的有效度，实践操作的灵活度等，填写量化表，既可以作为评价的依据，还可以监控学生的学习过程
交流展示(作品)	交流展示环节穿插了组内的自评和互评，教师评价
总结反思(学案)	活动完成后学生总结个人收获和困惑

【任务小结】

通过选择信息化合作学习方式这个任务,主要认识和理解了信息化合作学习方式的概念与特征、基本要素,以及如何选择信息化合作学习方式组织教学。

信息技术发展迅猛,数字化教学资源越来越丰富。随着教育信息化的发展,从最初多媒体教室的计算机辅助教学到 MOOC、SPOC、微课和翻转课堂,学习方式也随之改变。在教学过程中,需要根据教材的内容和教学要求,合理选择信息化教学手段和学习方式,充分挖掘学生的自主学习能力,有意识地提高学生的团队合作能力。因此,充分认识和理解信息化合作学习方式的概念与特征、基本要素,有效开展信息化合作学习,能有效地提高学生的自学能力和团队合作能力。

任务 2.3　选择信息化探究学习方式

【任务描述】

李老师是计算机应用专业的教师,她长期承担“计算机基础”这门专业基础课程的教学工作。在这门课程有些章节的教学中,如计算机病毒,李老师结合教材把计算机病毒的相关知识介绍给学生,学生是被动接受、死记硬背。这种学习方式不适合培养学生的分析能力和解决问题的能力,也不适合培养学生的创新精神和实践能力。那李老师该如何改变学生的学习方式,促使学生主动参与,勤于动手、乐于探究呢?

【任务资讯】

1. 探究式学习方式

在当今教育教学改革热潮中,探究是一个热词。那到底什么是探究呢?根据《牛津英语词典》的定义,探究是“求索知识或信息特别是求真的活动;是搜寻、研究、调查、检验的活动;是提问和质疑的活动”。探究既是学习的过程又是学习的目的。当它指学习过程时,就是让学生自己思考怎么做和做什么,而不是让学生接受教师思考好的现成的结论。当它指学习的目的时,就是指学生通过探究,学会探索问题,提高探究能力,掌握探究的方法。

探究式学习是一种学习方式,它是指学生围绕一定的问题或材料,在教师的帮助和支持下,自主寻求或自主构建答案或信息的过程。探究式学习有如下特点。

(1)灵活性

探究式学习模式为学生提供了一个较为开放自由的学习环境,学生通过动手实践,积极主动地参与学习,并且自己掌握自己的学习进度。学生在学习过程中,受时空限制较少,能够通过多种途径获取大量的学习资源。从时间来看,学习者能够自主控制自己的时间,有时可能只需要一节课,而有时可能需要几周。从地点来看,学习者能自由选择学习地点,有时在课堂上进行探究,有时在宿舍探究。这种不受时空限制的方式能更充分地发挥学生的主动性,突出体现以学生为主的现代教育理念。

（2）多样性

学生的探究方式是多种多样的。可以是自主探究，可以是小组合作探究，也可以是在教师引导下进行探究。教师的指导是有针对性的，教师能根据学生不同的学情进行有针对性的指导。这种学生多样的探究方式和教师有针对性的指导，使师生、生生之间进行着一种真正的平等交流、沟通，把教学过程变成了一个动态发展着的教与学统一的相互影响、相互交往的过程。

（3）问题性

在探究式学习模式中，特别强调问题在学习活动中的重要性。一方面强调通过问题来进行学习，把问题看作是学习的动力、起点和贯穿学习过程中的主线；另一方面通过学习来生成问题，把学习过程看成发现问题、提出问题、分析问题和解决问题的过程。

（4）实践性

探究式学习就是让学生主动收集和分析有关信息，对所探究的问题进行思考、讨论，从而得出结论的过程。这个过程保证了有效而深入的实践，培养了学生的实践能力。

探究式学习是一种学习方式，它包含着几个基本环节，从总体上讲，探究式学习的基本环节可以分为四个阶段：准备阶段、实施阶段、形成成果阶段和评价总结阶段。

①准备阶段：选择探究主题，组织探究小组，设计探究步骤，制订探究方案。

②实施阶段：查询和收集资料，整理和处理资料，得出结论。

③形成成果阶段：确定成果的表现形式，确定成果的结果，撰写探究成果。

④评价总结阶段：选定评价形式，实施评价，完善成果，借鉴经验。

2. 信息化探究学习方式

信息化探究学习是指运用以计算机网络为核心的信息化技术和信息认知工具进行探究式学习。现代信息技术引入到教学中，可以使教学信息显示多媒体化、教学信息海量储存、教学信息传输的网络化、教学信息处理过程智能化和教学过程的交互性。因此利用现代信息技术，可以丰富教学资源，创设参与环境，激发学生学习兴趣，优化教学过程，拓展

信息化探究学习方式

教学内容，从而实现教学过程要素关系的转变，构建一种有意义的体现学生主动参与探究的新型教学模式。信息技术的利用，为探究式学习提供了很好的支撑，主要体现在如下几点。

（1）有助于为学生提供丰富的探究资源

互联网是一个知识的宝库，资源应有尽有。学生需要什么资源，都可以从这个宝库中挖掘出来。

（2）有利于建立畅通无阻的交流合作机制

信息环境下，有许多的交流平台，通过这些交流平台，学生可以很方便地建立合作小组，按照自己的意愿交流思想和发表见解，小组成员可以查看材料开展交流活动，就一个问题提出多种解决方案，当然也有可能提出很多新的、有意义的、需要进一步深究的问题。

（3）有利于培养学生的信息素养

信息素养是当前学生一个重要的素养，个人的发展都离不开这种素养。学生应具有敏锐的信息意识、灵活运用信息和对信息内容进行批判与理解的能力。信息素养需要在信息技术环境下的探究式学习中不断积累，不断提高。

【任务实现】

2.3.1 了解信息化探究式学习方式的设计原则

探究式学习方式以其独特的魅力和强大的生命力越来越受师生们的欢迎。根据课程改革的基本理念和发展需要，在运用探究式学习方式要努力实现以下设计原则。

1. 强调学生为本，突出自主性

新的课程改革充分体现了"以人为本"的教育思想，把"为了每一个学生的发展"作为价值取向，所以教师在运用探究式学习方式设计教学环节时，应充分调动学生学习的自主性，突出学生的主体地位，让学生成为学习的主动探究者，而不是被动的学习接受者。教学中，教师不要包办代替，要给学生充分动手、动脑的机会，要不断唤起学生的自我需求，以学生自己的方式对教材进行诠释、理解、改造和重组。教师还应以学生的学习活动为主线，通过一系列的活动组织教学。

2. 强调学习能力，突出发展性

发展性是指在学习过程中要促进学生的全面发展，其中最核心的工作是培养学生的创造性，所以在采用探究式学习方式时，要注重学生的学习能力、探究能力、实践能力、合作能力等能力的锻炼和提高，使学生养成质疑、批判、反思的科学精神，使学生学会自我教育，在反思中不断完善自己，发展自己。

3. 强调交流与合作，突出实践性

教师在设计和组织探究式学习方式时，应关注学生的有效合作和交流，体现实践性的要求。教师也要转变自己的角色，成为学生中的一员，成为学生学习的促进者、指导者、合作者。通过合作交流，有助于学习者真正参与到学习活动中，从而增强自己各方面的能力。小组成员只有具备合作精神，才能使探究活动中的环节顺利完成。

4. 强调探求过程，突出探究性

通过探究式学习，学生有更多的机会根据自己的经验和认知水平参与到探究性学习活动中去，比起以往只注重结果的学习方式，探究式学习不但注重学习结果，而且更加注重学习过程。通过学习过程的探究，学生能体验多种学习的经历，从而提高解决问题的能力，促进自我意识的发展。

2.3.2 了解信息化探究式学习方式的设计理念

1. 教学情境创设

在信息化探究学习方式中，学习过程要不断地提供"情境"性的信息和材料，从而使学生保持积极的活跃状态。在探究主题背景信息中，我们可以通过给学生分配角色来激发探究的兴趣和动机，比如："如果你是一个机房管理员""假设你是一位网络工程师"。在探究式学习过程中，情境可以贯穿全过程。这有助于不断激励学生，并为新内容的整合加入提供可能。

2. 学习任务设置

信息技术环境下，学生通过探究式学习，要达到什么样的目标，是通过学习任务实现的。学习任务是在学习主题的统领之下，教师通过查找一些和主题相关的资料，整合其内容，发给学生，形成探究的学习任务。针对学习任务，教师可以把一个大的任务划分为一些小的子任务，对于每个任务还可以分成几个相互区别的阶段。在对学习任务进行分工合作时，学生能够充当不同的角色，承担相应的子任务。通过这一系列的措施，能有效促进学生完成任务，提高学生探究活动的能力。

3. 教学资源建设

教学资源是一些学生完成学习任务所需要的资源。这些资源一般是经过教师精心挑选的，既可以是互联网的数字资源，也可以是图书馆中的纸质资源。通过指定资源，可以避免学生漫无目的的查找。

4. 教学过程设计

教学过程设计的目的是培养学生的逻辑思维能力和解决问题的能力。在探究式学习过程中，为了更好地培养学生的能力，最好每个阶段都要有学生或者老师示范，在学习过程中，可以采用小组教学、合作交流、实地考察等活动方式。针对教学过程设计的内容，主要包括以下几方面：①要分析学生的特点，考虑解决问题和完成任务的可行性。②要制定小组合作机制，探究信息技术环境下师生间的交流对策和小组讨论策略。③要制定各种反馈机制、激励制度。在整个探究学习中，要及时发现学生的疑点、难点，并做出一定的引导和解答，提醒学生及时反馈小组任务开展状况，有时也要对小组的个别成员做些适当调整，注意学生在小组中的表现并及时给予激励，充分调动学生的探究积极性。④要总结反思，制定评价量规。对探究活动进行总结，同时鼓励学生对问题换角度深入思考，与学生一起进行评价。

5. 教学评价标准制定

在每一次探究性活动中，都需要有一套评价标准对学生的学习过程和结果进行评价。评价标准的制定要符合新课程标准的评价观。评价标准应该是适合特定任务的，要清晰、明了、一致，体现出公平、公正。

2.3.3　了解信息化探究式学习方式的资源管理

1. 资源管理

基于信息化探究式学习，其资源的丰富程度大大超过了其他任何一种教学方式。面对纷繁芜杂的信息资源，教师承担着信息资源的设计者与管理者的职责。由于网上资源参差不齐，教师需要对资源进行筛选与推荐。在资源的管理过程中，教师还应注意培养学生对信息的分析、处理能力。

2.教师角色定位

在探究式学习过程中，教师需要转换传统教学的权威角色，教师将成为一位顾问，一位提供意见的参与者，对于教师的基本要求不再是站在讲台上准确、有条理地讲解知识，而是鼓励学生思考，指导学生开展学习活动。

3.学生角色的定位

在探究式学习过程中，学生在教师的指导下进行自主的学习活动，通过独立思考，自主探究知识的发生过程，在探究中发现问题，分析问题，解决问题。在探究性活动中，往往不是学生一个人就能很好地完成的，而是需要学生之间积极、主动地配合、合作，共同完成。

2.3.4　信息化探究式学习方式的教学实施

1.提出问题，创设情景

运用多媒体技术和网络技术创设一定的学习情境，以便充分发挥学生的积极性、主动性和兴趣，解决学习中的问题。在学习情境中，让学生发现与总结出探究性的学习问题，成为学习任务完成的关键。在讲解《计算机病毒》时，教师可以首先展示计算机感染病毒后的情境，激发学生质疑：计算机是如何感染病毒的？为什么会感染？感染前是什么样的？这些问题都是教学的重点。通过设置这样一个情景，促使学生探究，产生求知欲望，就会使学生主动去学习、感悟、探索，从而理解教学内容。

在该环节中，教师利用信息技术创设情境，学生则在学习情境中接受任务，明确学习目标。

2.提供资源，自主探究

信息技术环境可为学生提供丰富的学习资源，如图片、文字、动画、音频、视频等，丰富的资源成为学生探究学习的宝藏。

收集资料是探究学习的中心环节，学生收集资料时，可能会有随意、盲目现象，以致找一些不相关的资料，提供一些与问题关系不紧密的资料。所以教师要对学生进行指导，教他们如何搜索学习资源，如何合理选择学习资源。如针对《计算机病毒》这一讲，学生在搜索和整理的过程中，都要围绕"计算机病毒"这一关键词。在该过程中，教师要着力培养学生自主探索、自主发展的能力。

3.讨论交流，深入探究

在自主探究过程中，由于学生基础的差异，每个学生对问题的理解有所不同，这种不同本身就是一种宝贵的学习资源。因此，组织学生交流讨论，分享各自的探究结果，并在讨论交流中相互质疑，引发学生的认知冲突和自我反思，有助于激发彼此的灵感，促进对问题更深层次的理解。在该环节中，可以采用一些交流方式，主要的交流方式如下。

（1）网上交流。网络环境为师生交流提供了一个平台。使参与信息交流的人更加广泛，参与交流更加方便，信息反馈更加及时。现在的 QQ 平台、微信平台，可以很方便地实现实时讨论交流，在探究学习中遇到问题时请求帮助。

（2）汇报交流。即把自主探究后形成的成果进行分享汇报。在汇报过程中，学生可以交流讨论，提出质疑，阐述观点。

4.创作实践，升华探究

通过探究让学生将他们解决问题的结果运用现代信息技术表达出来，可以使探究学习得以升华。借助信息技术工具，可以使学生的作品丰富多彩。比如用 Powerpoint 制作演示文稿，比如用网页工具制作专题网站。这种探究学习不仅关注学生"知道什么"，更关注学生"怎样才能知道"，在"让学生自己学会并进而会学"方面下功夫。通过学生的主动参与、亲身体验促进学生对科学知识的"动态建构"。

5.评价迁移，巩固成果

在探究学习中，对学生学习的评价是以学生的探究活动过程为重点的，主要包括以下四方面评价原则。

（1）主动性原则：学生在探究活动过程中主动参与的程度。

（2）实践性原则：学生参与探究活动的深入和拓展程度、探究方案的科学性和合理性，以及开展探究活动的效率。

（3）创造性原则：学生的发展性学力和创造性学力是否提高。

（4）建构性原则：学生对所学知识的意义建构。

按照上述原则对学生的学习效果进行评价，给出相应的评定结果，让学生了解自己的学习效果，有助于促使学生学习，激发学生的潜力，从而提高学习效果。

【任务小结】

通过选择信息化探究学习方式这个任务，主要认识和理解了信息化探究学习方式的概念、特征、设计原则和理念，信息化资源管理，师生的定位和教学实施。

信息化教学资源丰富，教学手段先进，为学生开展探究学习提供了良好的条件。现在对学生的培养不能只要求学生死记硬背，而是要学生能够主动参与，乐于探究，要培养学生分析问题和解决问题的能力。信息化探究学习方式是实现这些目标的有效手段。因此，充分理解信息化探究方式，合理运用该学习方式，就能有效提高教学效果，提高学生的能力。

【本章小结】

信息化教学是指师生借助现代教育设备和互联网教学平台进行的双边教学活动，是一种区别传统教学模式的新型教学形态。它运用信息技术手段开展自主学习、合作学习或探究学习，以增强学习者自主学习能力、团队合作能力和探究能力为目标，最终提高课堂教学效率。

根据教学组织方式的不同，信息化教学环境可以分为信息化自主学习方式、信息化合作学习方式、信息化探究学习方式。

信息化自主学习方式是指学生在相对独立的情况下，运用信息化教学手段将自己的学习行为作为监控对象，自我设计、实施、修正的充分发挥主体性的学习活动。它具有层次性、交叉性和可控性。在具体实施时，可按照授课前、授课中和授课后三个阶段合理组织、开展自主学习，并实现教学目标。

信息化合作学习方式是指在信息化学习环境中，学习者在教师的指导下，以小组为单位，为达到共同的学习目标，完成共同的学习任务，利用信息技术获取、分析和处理学习资源，得到学习服务支持，进行分工协作，相互交流，以实现学习目标的过程。它具参与性、互动性、共享性三个特征。在具体实施时，可按照任务设计任务、设计学习活动、使用信息化工具和进行教学评价开展合作学习，并实现教学目标。

信息化探究学习方式是指运用以计算机网络为核心的信息化技术和信息认知工具进行探究式学习。它具有灵活性、多样性、问题性、实践性四个特征。在具体实施时，可按照提出问题，创设情境；提供资源，自主探究；讨论交流，深入探究；评价迁移，巩固成果开展探究学习，并实现教学目标。

不同的信息化探究学习方式有其自身的特点，应根据课程的性质、内容和教学要求的不同选择适合的学习方式，还要根据教学环境和课程需求准备配套的教学资源，只有课程、环境、资源和教学方法有机结合，才能达到最佳的教学效果，实现教学目标。

【思考与探索】

1. 什么是信息化自主学习方式？

2. 信息化自主学习方式的特征有哪些？

3. 选择一门课程，试述如何展开信息化自主学习？

4. 什么是信息化合作学习方式？

5. 信息化合作学习的要素有哪些？

6. 信息化合作学习方式的特征是什么？

7. 从任务式合作学习的角度，怎样展开信息化合作学习的活动？

8. 什么是信息化探究学习方式？

9. 信息化探究学习方式的设计原则有哪些？

10. 选择一门课程，试述信息化探究学习方式的教学实施步骤？

第3章

认识信息化教学资源

【教学情境】

教育信息化进入了 2.0 时代，教学资源由传统的纸质资源转化为数字化教学资源，并以图像、声音和视频等多种形式体现，使用数字化教学资源已经成为必然趋势。教师通过利用数字化教学资源，激发了学生的学习兴趣，提高了教学效果。因此，老师应充分运用数字化教学资源，理解不同资源带来的不同效果，调动学生的积极性，展现精彩的课堂，提高课堂教学效果。

【解决方案】

作为一个职业院校的老师，认识信息化教学资源并选择合适的信息化教学资源，是老师应具备的信息化素养，也是开展信息化教学的重要保障。为更好地掌握该项技能，首先，我们要清楚信息化教学资源的分类，了解各类资源的特点。其次，要能选择合适的教学资源，发挥信息化教学资源的优势，提高课堂教学效果。

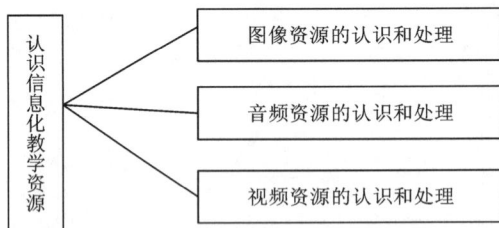

图 3-1-1　认识信息化教学资源任务分解图

【能力目标】

知识目标：认识什么是信息化教学资源、信息化教学资源的分类和各类信息化教学资源所具有的特点。

技能目标：学会把文本、图形、图像、动画和声音等形式的信息进行整合并运用于教学中，选择适合教学内容的信息化资源对教学内容进行呈现，提高教学效果。

素养目标：教师能够根据教学条件和教学内容，自主有效地选用相应的教学资源对教学内容进行呈现。

任务3.1　图像资源的认识与处理

【任务描述】

图形、图像是制作信息化教学课件必不可少的素材，如背景、人物、界面、按钮等。而且图形和图像都是学习者非常容易接受的信息，一幅画可以胜过千言万语，它能形象、生动、直观地表现出大量的信息，帮助学习者理解知识，比枯燥的文字更能吸引读者。

周老师承担"建筑设计"课程，要使用大量的图像资料，该如何对图像资料进行分类整理和归档呢？

【任务资讯】

1. 教学资源

教学资源包括教学资料、支持系统、教学环境等组成部分。教学资料蕴含了大量的教育信息，能创造出一定教育价值的各类信息资源。

信息化教学资料指的是以数字形态存在的教学材料，包括学生和教师在学习与教学过程中所需要的各种数字化的素材、教学软件、补充材料等。

支持系统主要指支持学习者有效学习的内外部条件，包括学习能量的支持、设备的支持、信息的支持、人员的支持等。支持系统作为资源的内容对象与学习者沟通的途径，实现了媒介的功能，它与资源组成的构成相关联，是我们认识学习资源概念的结构性视角。

教学环境不只是指教学过程发生的地点，更重要的是指学习者与教学材料、支持系统之间在进行交流的过程中所形成的氛围，其最主要的特征在于交互方式以及由此带来的交流效果。教学环境是学习者运用资源开展学习的具体情境，体现了资源组成诸要素之间的各类相互作用，是我们认识学习资源概念的关系性视角。

通常认为，"信息化教学资源"属于信息资源的范畴，是从狭义理解上的一种特殊的信息资源，是"经过选取、组织，使之有序化的，适合学习者发展自身的有用信息的集合"。

本节所讨论的信息化学习资源，主要指蕴含了大量的教育信息，能创造出一定的教育价值，以数字信号的形式在互联网上进行传输的信息资源。

学习资源可以提供给学习者使用，能帮助和促进他们学习的信息、技术和环境。这些教学资源的要素可以单独使用，也可以由学习者将它们合起来使用。

2. 信息化教学资源分类

我国目前可建设的信息化资源主要包括9类，分别是：媒体素材（又包括文本、图形、图像、音频、视频和动画）、试题库、试卷、课件与网络课件、案例、文献资料、常见问题解答、资源目录索引和网络课程。另外，还可根据实际需求，增加其他类型的资源，如：电子图书、工具软件

认识素材资源

和影片等。

（1）媒体素材：媒体素材是传播教学信息的基本材料单元，可分为五大类：文本类素材、图形/图像类素材、音频类素材、视频类素材、动画类素材。

（2）试题库：试题库是按照一定的教育测量理论，在计算机系统中实现的某个学科题目的集合，是在数学模型基础上建立起来的教育测量工具。

（3）试卷：试卷是用于进行多种类型测试的典型成套试题。

（4）课件与网络课件：课件与网络课件是对一个或几个知识点实施相对完整教学的用于教育、教学的软件，根据运行平台划分，可分为网络版的课件和单机运行的课件，网络版的课件需要能在标准浏览器中运行，并且能通过网络教学环境被大家共享。单机运行的课件可通过网络下载后在本地计算机上运行。

认识课程资源

（5）案例：案例是指由各种媒体元素组合表现的有现实指导意义和教学意义的代表性事件或现象。

（6）文献资料：文献资料是指有关教育方面的政策、法规、条例、规章制度，对重大事件的记录、重要文章、书籍等。

（7）常见问题解答：常见问题解答是针对某一具体领域最常出现的问题给出的全面解答。

（8）资源目录索引：列出某一领域中相关的网络资源地址链接和非网络资源的索引。

（9）网络课程：网络课程是通过网络表现的某门学科的教学内容及实施的教学活动的总和。

3. 图像

图像是人类视觉的基础，是自然景物的客观反映，是人类认识世界和人类本身的重要源泉。"图"是物体反射或透射光的分布，"像"是人的视觉系统所接受的图在人脑中所形成的印象或认识，照片、绘画、剪贴画、地图、书法作品、手写汉学、传真、卫星云图、影视画面、X 光片、脑电图、心电图等都是图像。图像存储格式有多种，以下是常用的存储格式。

（1）JPEG 格式

JPEG 压缩技术十分先进，它用有损压缩方式去除冗余的图像数据，在获得极高的压缩率的同时能展现十分丰富生动的图像，就是可以用最少的磁盘空间得到较好的图像品质。JPEG 格式是目前网络上最流行的图像格式，是可以把文件压缩到最小的格式。各类浏览器均支持 JPEG 这种图像格式，因为 JPEG 格式的文件尺寸较小，下载速度快。

（2）BMP 位图格式

BMP 是 Windows 操作系统中的标准图像文件格式，使用非常广。它采用位映射存储格式，除了图像深度可选以外，不采用其他任何压缩，因此，BMP 文件所占用的空间很大。BMP 文件的图像深度可选 lbit、4bit、8bit 及 24bit。由于 BMP 文件格式是 Windows 环境中交换与图有关的数据的一种标准，因此在 Windows 环境中运行的图形图像软件都支持 BMP 图像格式。

（3）GIF 格式

GIF 分为静态 GIF 和动画 GIF 两种，扩展名为.gif，是一种压缩位图格式，GIF 支持透明背景图像，适用于多种操作系统，"体型"很小，网上很多小动画都是 GIF 格式。其实 GIF 是将多幅图像保存为一个图像文件,从而形成动画的,最常见的就是通过一帧帧的动画串联起来的搞笑 GIF 图,所以归根到底 GIF 仍然是图片文件格式。

但 GIF 只能显示 256 色,和 JPG 格式一样,这是一种在网络上非常流行的图形文件格式。

(4)TIFF 格式

标签图像文件格式(Tag Image File Format,简写为 TIFF)是一种灵活的位图格式,主要用来存储包括照片和艺术图在内的图像。TIFF 与 JPEG 和 PNG 一起成为流行的高位彩色图像格式,它广泛地应用于对图像质量要求较高的图像的存储与转换。TIFF 最大色深为 32bit,可采用 LZW 无损压缩方案存储。由于它的结构灵活和包容性大,已成为图像文件格式的一种标准,绝大多数图像系统都支持这种格式。

(5)PNG 格式

便携式网络图形(Portable Network Graphics)是一种无损压缩的位图片形格式。其设计目的是试图替代 GIF 和 TIFF 文件格式,同时增加一些 GIF 文件格式所不具备的特性。PNG 的最大色深为 48bit,Macromedia 公司的 Fireworks 的默认格式就是 PNG。

5. 图形

图形是指在一个二维空间中可以用轮廓划分出来的若干空间形状,图形是空间的一部分,不具有空间的延展性。

【任务实现】

3.1.1 使用看图软件

随着手机、数码相机、扫描仪等图像采集设备的广泛使用,以图片形式存储和表达信息的应用越来越多。使用图像浏览软件,可以方便地浏览和管理、编辑图片。

ACDSee 是目前非常流行的看图工具之一。它提供了良好的操作界面,简单人性化的操作方式,优质的快速图形解码方式,支持 20 多种丰富的图形格式,甚至近年在互联网上十分流行的动画图像档案都可以利用 ACDSee 来欣赏,并且能够高品质地快速显示它们。

ACDSee 提供三种看图模式,第二种是图像查看模式(如图 3 - 1 - 2 所示),一种是图像管理模式(如图 3 - 1 - 3 所示),第三种是图片编辑模式(如图 3 - 1 - 4 所示)。三种模式能在 ACDSee 软件的右上角区域切换。图像管理模式主要用来选择和预览图像,图片查看模式主要用来显示选定的图像或自动播放选定的多个图像,图片编辑模式主要是用来编辑处理单幅图片的。

如果要使用书籍、期刊等印刷品中的图片,可以利用扫描仪扫描为图像文件,也可以用数码相机拍照获得图像文件。

如果要使用教学光盘中的图形/图像文件,可以直接将该文件拷贝到自己的资源文件夹中,供以后使用。

如果要使用教学课件中的图片,而该图片又不是以单独文件形式保存的,或者说很难找到该图片对应的文件,则可以使用屏幕拷贝的办法(按 Print Screen 键),将该屏幕图形复制到剪贴板中,然后用画图或者其他图形编辑软件进行加工处理,保存为文件,或者直接在 Word、PowerPoint 等文字编辑软件中将该图片粘贴进来。

图 3 - 1 - 2　图像查看模式

图 3 - 1 - 3　图像管理模式

图 3 - 1 - 4　图片编辑模式

如果要使用网页上的图片，则可以使用复制、粘贴的办法，也可以使用另存图片或者网页的办法。

不同的图像处理软件公司，根据图片编码、存储、处理方式的不同，对图片文件定义了不同格式。

【操作步骤】

①ACDSee 是一种共享图片软件，可以从官方网站(http：//www.acdsee.cn/)上免费下载 ACDSee 20 简体中文版。

②安装时只需双击安装文件 (acdsee - official - free. exe)图标，根据提示选择和输入必要的信息即可完成程序安装。

3.1.2 阅读图片资料

用 ACDSee 软件查看图片，可以单张查看，放大显示，也可以多张逐幅自动播放显示。

(1)查看单幅图片

①启动 ACDSee 软件，在浏览窗格的"文件夹"选项卡的树形目录中选中要查看的文件夹，文件列表窗格显示其中的内容。

小技巧

从搜集的图片中找出最爱的图片，并把它设置为桌面墙纸，使计算机更具个性。在图像观察器窗口中，选择"工具""设置墙纸""居中"命令，可以将图片设置为墙纸。也可以在图像浏览器窗口中右击，打开快捷菜单，方法与上述相同。

②在文件列表窗格中双击一幅图片，打开图片观察器窗口浏览图片。

③单击工具栏中的"上一个""下一个"按钮，浏览文件夹中的其他图片。

（2）用 ACDSee 软件循环放映多幅图片

利用 ACDSee 软件循环放映多幅图片。实现方法如图 3 - 1 - 5 所示。

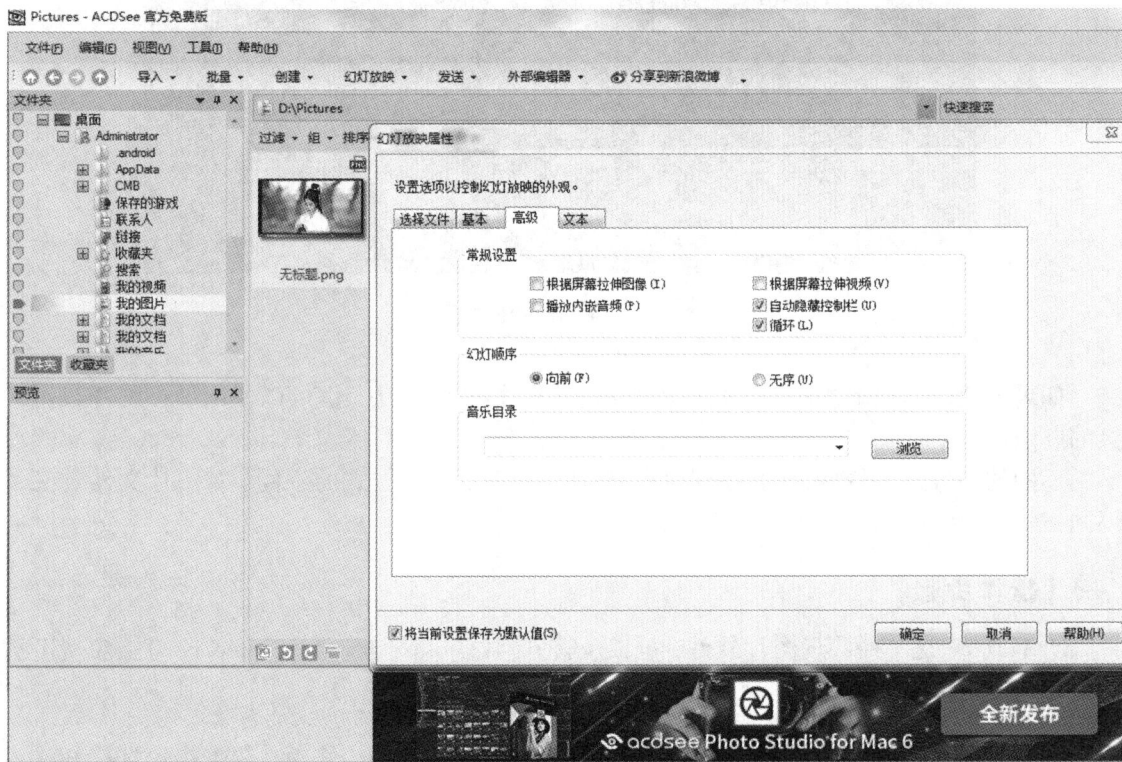

图 3 - 1 - 5　用 ACDSee 放映多幅图片

【操作步骤】

①启动 ACDSee，在文件列表窗格中选中要播放的多幅图片。

②单击工具栏中的"幻灯片放映"下拉按钮，选择"配置幻灯放映"选项，打开"幻灯片演示属性"对话框。

③选中"高级"选项卡的"常规设置"选项区域选择"循环"复选框。

④单击"确定"按钮，循环播放图片。

☞　小技巧

　　如想自动连续播放图片，也可以在图像观察器窗口中操作。选定多张图片文件后按【Ctrl＋S】组合键进行自动幻灯片放映，逐幅自动播放显示选定的图片。

3.1.3　处理图片效果

　　用 ACDSee 不但可以查看图片，还可以对图片进行简单的效果处理，包括调整图片大小，调整图像曝光度，消除红眼、锐化、色深、颜色、杂点、效果。

⚙️【操作步骤】

　　①选中 ACDSee 图片管理窗口中的一幅图片，单击"编辑"按钮进入图像编辑模式。
　　②单击"编辑模式菜单"面板中的"调整大小"按钮，打开"调整大小"编辑面板。
　　③选择"百分比"复选框，输入宽、高百分比值 65%。
　　④单击"完成"按钮以保存修改。
　　⑤单击"编辑模式菜单"面板中的"曝光"按钮，打开"曝光"编辑面板。
　　⑥依次输入曝光值 35、对比度值 40。
　　⑦单击"完成"按钮以保存修改。

☞　小技巧

　　在使用图片的过程中，要减小图片大小或供其他应用程序使用的目的，需要转换图片格式。ACDSee 能方便地进行大量图片格式的转换。如将图片批量转换成目标格式，可见图 3 - 1 - 6 所示的实现方法。
　　①启动 ACDSee，在文件列表窗格中选择要转换的图片文件。
　　②选择"批量"→"转换文件格式"工具命令，在打开的对话框中选择"格式"选项卡。
　　③选择想要转换的图片格式，单击"下一步"按钮，按提示指定转换后文件的保存路径，指定多页图像的输入输出。
　　④将原始文件删除，因此要选择"删除原始文件"复选框。
　　⑤单击"开始转换"按钮，完成格式转换。

✏️【任务·小·结】

　　通过图像资源的认识和处理这个教学任务，主要认识和理解了信息化教学资源的分类、图像资源的格式，以及如何查看图像资源和对图像资源的简单处理。
　　图像资源常见的存储格式有：JPEG 格式、BMP 位图格式、GIF 格式、TIFF 格式和 PNG 格式。在教学过程中，应选择合适的图像格式用于教学呈现。
　　信息技术发展迅猛，数字化教学资源运用越来越多。因此，充分认识和理解图像教学资源，恰当地运用图像资源，呈现教学内容，就能有效地提高教学效果。

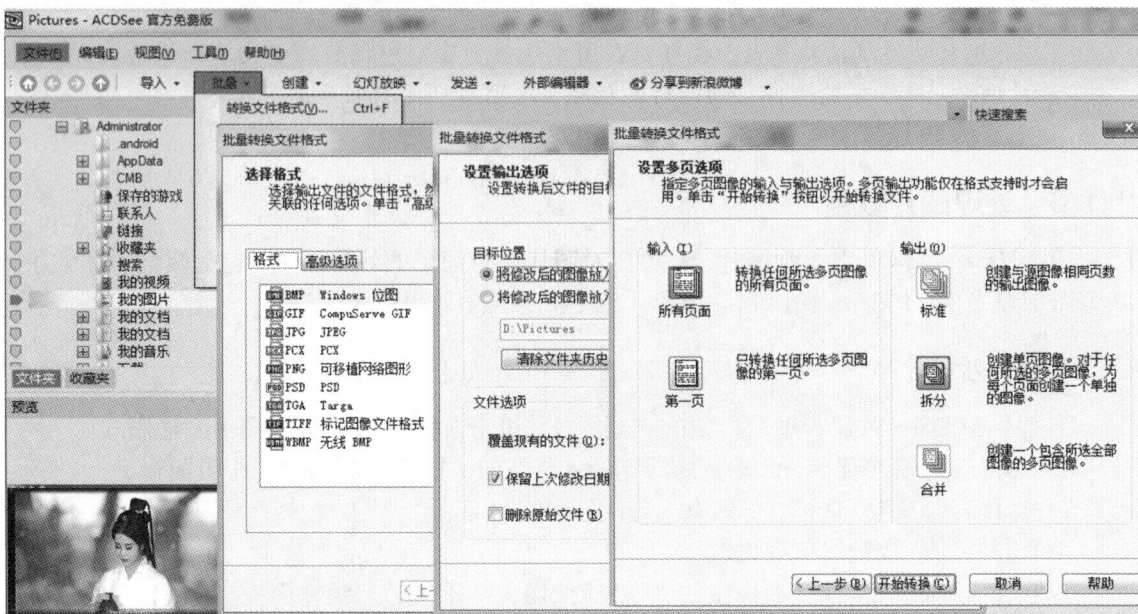

图 3 - 1 - 6　用 ACDSee 转换图片格式

任务3.2　音频资源的认识与处理

【任务描述】

为了丰富"音乐欣赏"课程，更好地表达教学内容，尹老师要收集不同风格、不同类别的名曲，还有录音取素材。尹老师该如何对音频资料进行分类整理和归档呢？

【任务资讯】

1. Winamp 软件

Winamp 就是 Nullsoft 公司出品的一款高保真音频播放软件，支持 MP3、MP2、MOD、CD - Audio、WAV、AVI、WAV、MPG 等多种音频格式，支持增强音频视觉和音频效果的插件。

Winamp 操作面板如图 3 - 2 - 1 所示，其中曲目列表面板用来显示或选择播放曲目与音频文件，均衡调节面板层用来调节音量和音效频率，播放控制面板用来播放、快进或暂停曲目。

图 3 - 2 - 1　**Winamp 软件窗口**

2. 其他音频播放软件

目前网络上有许多播放音频的软件可以下载,如百度音乐(原名千千静听)、Winamp、酷狗、QQ 音乐、Foobar2000 等。

(1)百度音乐(原名千千静听)软件

百度音乐是中国音乐门户之一,拥有海量正版高品质音乐,最权威的音乐榜单,最快的新歌速递,最契合用户需求的主题电台,最人性化的歌曲搜索。一直以来,百度音乐搜集了上千万用户的搜索行为和收听习惯,让百度音乐成为最了解听众喜好的音乐平台之一。

2013 年 7 月百度音乐旗下 PC 客户端"千千静听"正式进行品牌切换,更名为百度音乐 PC 端,界面如图 3 - 2 - 2 所示。此次品牌切换增加了独家的智能音效匹配和智能音效增强、MV 功能、歌单推荐、皮肤更换等个性化音乐体验功能。几乎支持所有的音频格式和多种 MOD 音乐格式。

(2)QQ 音乐播放器

QQ 音乐是一款带有精彩音乐推荐功能的播放器。同时支持在线音乐和本地音乐的播放,是国内内容最丰富的音乐平台。其独特的音乐搜索和推荐功能,让您可以尽情地享受音乐。该软件支持大多音频格式,完美支持无损压缩的 APE 和 FLAC 等。

图 3 - 2 - 2　百度音乐

3. 音频文件格式

不同公司开发的音频文件，在编码上有其技术特点，适用于不同的应用场合，形成了不同格式的音频文件。常用的音频文件格式有 WAV、MP3、MIDI 和 WMA 等。

（1）WAV 格式

WAV 是微软公司开发的一种声音文件格式，它支持 MSADPCM、CCITT A LAW 等多种压缩算法，支持多种音频位数、采样频率和声道，标准格式的 WAV 文件和 CD 格式一样，WAV 格式的声音文件质量和 CD 相差无几，是目前 PC 机上广为流行的声音文件格式，几乎所有的音频编辑软件都"认识"WAV 格式。因此，在开发多媒体软件时，往往大量采用 WAV 格式，用作事件声效和背景音乐。该格式的特点是音质非常好，被大量软件支持。适用于多媒体开发、保存音乐和音效素材。

（2）MP3 格式

MP3 格式诞生于 20 世纪 80 年代的德国，所谓的 MP3 指的是 MPEG 标准中的音频部分，也就是 MPEG 音频层。MP3 具有不错的压缩比，相同长度的音乐文件，用 MP3 格式来储存，一般只有 WAV 文件的 1/10，而音质要次于 CD 格式或 WAV 格式的声音文件。适合音乐欣赏，不少游戏也使用 MP3 作为事件音效和背景音乐，几乎所有著名的音频编辑软件都支持 MP3。MP3 不适合保存素材，但是在网络上有大量的 MP3 资源。MP3 具有流媒体的基本特征,可以做到在线播放。MP3 应该是到现在为止使用用户最多的有损压缩数字音频格式了。

(3)WMA 格式

WMA（Windows Media Audio）格式来自微软的重量级选手,后台强硬,音质要强于 MP3 格式,它和日本 YAMAHA 公司开发的 VQF 格式一样,是以减少数据流量但保持音质的方法来达到比 MP3 压缩率更高的目的的。WMA 这种格式在录制时可以对音质进行调节。同一格式,音质好的可与 CD 媲美,压缩率较高的可用于网络广播。微软官方宣布的资料中称 WMA 格式的可保护性极强,甚至可以限定播放机器、播放时间及播放次数,具有相当的版权保护能力,获得了很好的软件及硬件支持。该格式适用于数字电台、在线试听、低要求下的音乐欣赏。

(4)MIDI 格式

MIDI（Musical Instrument Digital Interface）格式被经常玩音乐的人使用,MIDI 允许数字合成器和其他设备交换数据。MID 文件格式由 MIDI 传承而来。MID 文件并不是一段录制好的声音,而是记录声音的信息,然后再告诉声卡如何再现音乐的一组指令。这样一个 MIDI 文件每存 1 分钟的音乐只用 5 ~ 10 KB。MIDI 文件主要用于原始乐器作品、流行歌曲的业余表演、游戏音轨以及电子贺卡等。MIDI 文件重放的效果完全依赖声卡的档次,其最大的用处是在电脑作曲领域。MIDI 文件不能被录制并且必须使用特殊的硬件和软件在计算机上合成。

【任务实现】

3.2.1 认识安装音频播放器

本节以经典 Winamp 播放器为例进行介绍。

Winamp 是一款共享音频播放软件,可以从互联网上免费下载此软件和相关插件。双击安装文件,按提示选择操作即可完成安装。

3.2.2 播放音频资料

由于 Winamp 操作面板与收录机的面板类似,只要根据图示按操作即可播放音频文件。

(1)播放音频资料

【操作步骤】

①启动 Winamp 程序,显示曲目列表面板,可参见图 3 - 2 - 1。

②单击曲目列表面板中的"添加"按钮,选择需要播放的音频文件,单击"确定"按钮后,即可将音频文件加入到播放文件列表中。

③从播放列表中选择要播放的音频文件。

④在播放控制面板中单击" ▶ "按钮即可播放指定的音频文件。

(2)循环播放歌曲

有时需要连续或循环播放多首音乐或录音,像会议或产品展示开始前后的背景音乐。首先将歌曲加入播放列表,并设置为循环播放,然后再播放歌曲。

(3)保存列表中的曲目

编辑曲目列表,可以将喜欢听的歌曲保留在列表中,并保存播放列表,以备以后继续播放使用。

【任务·小·结】

通过音频资源的认识与处理这个教学任务，主要认识和理解音频文件格式、常用的音频文件播放软件。

音频文件的主要格式有 WAV、MP3、MIDI、和 WMA，不同格式适用于不同应用场合。常用的播放器有：百度音乐(原千千静听)、Winamp、酷狗、QQ 音乐、Foobar2000 等。

信息技术发展迅猛，数字化教学资源运用越来越多。因此，充分认识和理解音频教学资源，恰当地运用音频教学资源，呈现教学内容，就能有效地提高教学效果。

任务3.3　视频资源的认识与处理

【任务描述】

在课堂上，为了表现一段场景的真实性和生动性，可以配上一段精彩的视频。这些视频可以让我们的教学内容更容易被学生接受和理解。尹老师要收集视频素材。尹老师该如何对视频素材进行分类整理和归档呢？

【任务资讯】

1.暴风影音播放器

暴风影音播放器兼容大多数视频和音频格式，为万能播放器。其能播放绝大多数影音文件和流媒体文件，包括 RealMedia、Quicktime、MPEG2、MPEG4、Indeo、FLV 等流行视频格式；还有流行音频格式和媒体封装及字幕支持。

视频格式可以分为适合本地播放的本地影像视频和适合在网络中播放的网络流媒体影像视频两大类。尽管后者在播放的稳定性和播放画面质量上可能没有前者优秀，但网络流媒体影像视频的广泛传播性使之正被广泛应用于视频点播、网络演示、远程教育、网络视频广告等互联网信息服务领域。为了存储和传输方便，视频文件往往采用不同的编码方式，从而形成了不同的视频文件格式，常见的视频格式文件类型有 AVI、MPEG/MPG、RA/RM/RMVB、MOV、ASF/WMV 等。

(1)AVI 格式

AVI 格式：它的英文全称为 Audio Video Interleaved，即音频视频交错格式。它于 Microsoft 公司推出。所谓"音频视频交错"，就是可以将视频和音频交织在一起进行同步播放。这种视频格式的优点是图像质量好，可以跨多个平台使用，其缺点是体积过于庞大。在进行一些 AVI 格式的视频播放时常会出现由视频编码问题而造成的视频不能播放，如果用户在进行 AVI 格式的视频播放时遇到了问题，可以通过下载相应的解码器来解决。AVI 文件目前主要应用在多媒体光盘上，用来保存电影、电视等各种影像信息，有时也出现在 Internet 上，供用户下载、欣赏新影片的片断。

（2）MPEG 格式

MPEG 格式的英文全称为 Moving Picture Experts Group，即运动图像专家组格式，家里常看的 VCD、SVCD、DVD 就是这种格式。MPEG 文件格式是运动图像压缩算法的国际标准，它采用了有损压缩方法减少运动图像中的冗余信息。MPEG 标准主要有以下五个：MPEG – 1、MPEG – 2、MPEG – 4、MPEG – 7 及 MPEG – 21 等。

（3）RMVB 格式

RMVB 的前身为 RM 格式，它们是 Real Networks 公司所制定的音频视频压缩规范，即根据不同的网络传输速率，而制定出不同的压缩比率，从而实现在低速率的网络上进行影像数据的实时传送和播放，具有体积小、画质也还不错的优点。RMVB 由于本身的优势，成为目前 PC 中最广泛存在的视频格式。另外，相对于 DVDrip 格式，RMVB 视频也是有着较明显的优势，一部大小为 700MB 左右的 DVD 影片，如果将其转录成同样视听品质的 RMVB 格式，其个头最多也就 400MB 左右。不仅如此，这种视频格式还具有内置字幕和无需外挂插件支持等独特优点。

（4）MOV 格式

MOV 格式：美国 Apple 公司开发的一种视频格式，默认的播放器是苹果的 Quick Time Player。具有较高的压缩比率和较完美的视频清晰度等特点，但是其最大的特点还是跨平台性，即不仅能支持 MacOS，同样也能支持 Windows 系列。

（5）WMV

WMV 格式：它的英文全称为 Windows Media Video，也是微软推出的一种采用独立编码方式并且可以直接在网上实时观看视频节目的文件压缩格式。WMV 格式的主要优点包括：本地或网络回放、可扩充的媒体类型、部件下载、可伸缩的媒体类型、一流的优先级化、多语言支持、环境独立性、丰富的流间关系以及扩展性等。

在计算机中安装视频下载工具，如果只想使用其中一段，就还要用到视频的裁剪，如格式工厂。利用格式工厂软件不但可以截取视频片段，还可以转换视频文件的格式，以适应不同的播放需求。常使用 WMV、MP4 格式的视频文件。

2. 流行的视频播放软件

（1）Windows Media Player 软件

Windows Media Player，是微软公司出品的一款播放器。通常简称"WMP"。通常在 Windows 操作系统中作为一个组件内置，也可以从网络上下载。该软件支持音频和视频文件播放，你可以使用 Windows Media Player 将音乐、视频和图片同步到多种便携设备。

（2）RealPlayer 软件

RealPlayer 是网上收听收看实时音频、视频和 Flash 的最佳工具，让你享受更丰富的多媒体体验，即使你的宽带很窄。RealPlayer 是一个在 Internet 上通过流技术实现音频和视频的实时传输的在线收听工具软件，使用它不必下载音频/视频内容，只要线路允许，就能完全实现网络在线播放，能极为方便地在网上查找和收听、收看自己感兴趣的广播、电视节目。

（3）KMPlayer

KMPlaye 来自韩国的影音全能播放器，支持几乎全部音视频格式，主流视频包括：AVI、RealMedia、MPEG 1/2/4、ASF、MKV、FLV、DVD、MP4、Xvid、DivX、H.264 等。主流音频格

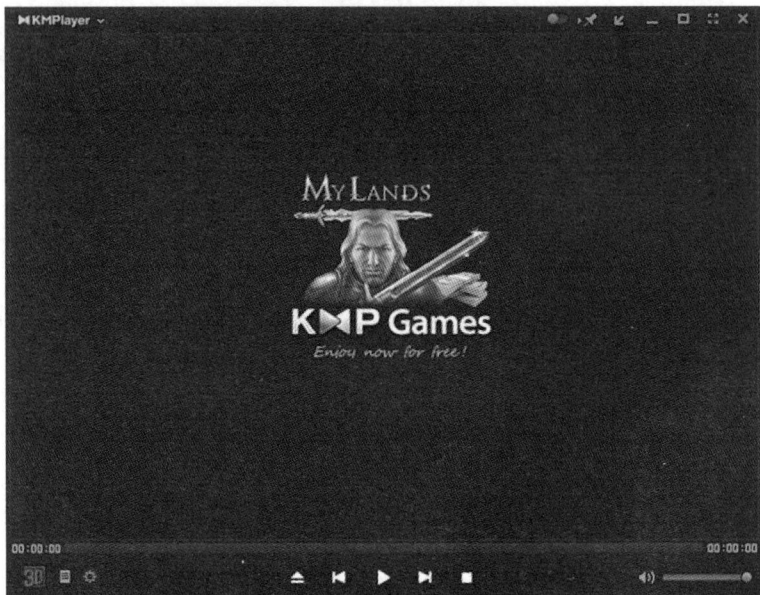

图 3 - 3 - 1　**KMPlayer 播放器**

式包括：APE、MP3、WAV、MPC、Flac、MIDI 等。通过音效控制面板，可在标准、3D 环绕、高音增强、重低音、立体声缩混、晶化等不同声效中进行选择和切换，更可对音速快慢进行调节，完全实现个性化定制。界面可见图 3 - 3 - 1。

【任务实现】

3.3.1　使用视频播放器

暴风影音播放为万能播放器，其播放全高清文件时 CPU 占 10% 以下，该播放器兼容大多数视频和音频格式。

从网络上免费下载软件和相关插件，安装到计算机上，启动暴风影音，进入到播放器控制面板。实现方法如下。

【操作步骤】

①安装暴风影音播放器。暴风影音视频播放器是一款免费下载的播放软件，可以从互联网上免费下载此软件，解压后，启动安装程序即可完成自动安装。

②启动暴风影音。单击"开始"按钮，选择"所有程序"→"暴风软件"→"暴风影音"，命令，即可以启动暴风影音软件，进入用户操作界面。

3.3.2　播放影视资料

视频资料有两种形式，一种是本地磁盘中或者 VCD/DVD 中的视频文件，另一种是在线视频文件。

3.3.3 管理视频文件

如果对影音文件中的某一幅图像或其中一段感兴趣，可以使用暴风影音视频播放器截取视频中的图片或片段保存下来。

截取视频文件中的第 5 ~ 20 分钟的视频，将截取下来的片断保存到"公司产品视频"文件夹内。实现方法如图 3 - 3 - 2 所示。

【操作步骤】

①启动暴风影音，播放影片。

②在播放界面中，右击，选择"视频转码/截取"→"片段截取"命令。

③呈现出"暴风转码"界面，在此界面可以截取图片和视频，设定截取开始时间为"0：05：00"和结束时间为"0：20：00"。

④单击"未选择设备"按钮，对截取视频的输出目录与输出格式等参数进行设置，选择"输出类型"为"家用电脑"，"品牌型号"为"流行视频格式"。

⑤单击"输出目录"下的"浏览"按钮，将视频输出到"公司产品视频"文件夹内。

⑥单击"开始"按钮，完成视频界面截取。

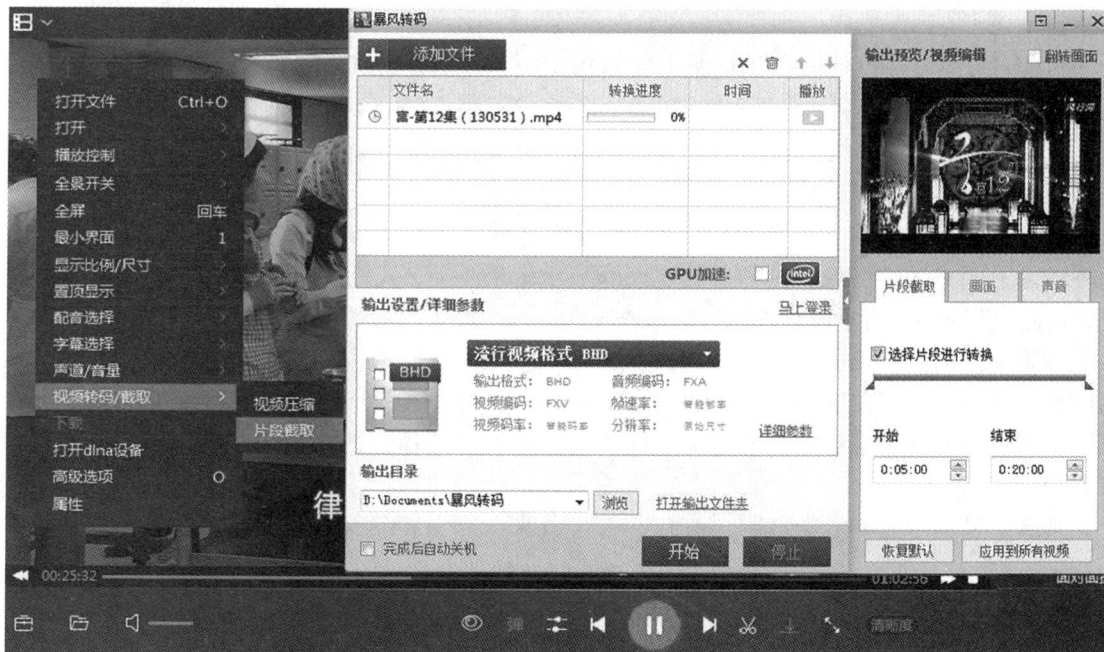

图 3 - 3 - 2   截取视频片断操作步骤

小技巧

格式工厂视频软件不但可以截取视频文件，还可以使用"高级"→"视频合并"功能，把多个视频片段合并为一段视频。

【任务小结】

通过视频资源的认识与处理这个教学任务，主要认识和理解了视频文件格式、常用的视频文件播放软件。

视频文件的主要格式有 AVI、MPEG/MPG、RA/RM/RMVB、MOV、ASF/WMV，不同格式适用于不同应用场合。常用的播放器有：Windows Media Player、RealPlayer、KMPlayer 等。

信息技术发展迅猛，数字化教学资源运用越来越多。因此，充分认识和理解视频教学资源，恰当地运用视频教学资源，呈现教学内容，就能有效地提高教学效果。

【本章小结】

信息化教学是指师生借助现代教育设备和数字化教学资源进行的双边教学活动，是一种区别传统教学模式的新型教学形态。它依赖数字化教学资源，运用信息技术将数字化教学资源进行呈现，提高课堂吸引力，增强课堂教学效果。

目前，我国可建设的信息化资源主要包括 9 类，分别是：媒体素材（又包括文本、图形、图像、音频、视频和动画）、试题库、试卷、课件与网络课件、案例、文献资料、常见问题解答、资源目录索引和网络课程。本章主要介绍了图像、音频、视频教学资源。

图像资源常见的存储格式有：JPEG 格式、BMP 位图格式、GIF 格式、TIFF 格式和 PNG 格式。常用的图像查看软件是 ACDSee，通过该软件，我们还可以对图像进行灵活的处理。同一图像不同格式的图像文件占用的空间和显示效果不同，我们应选择合适格式呈现教学内容，并适当节省存储空间。

音频文件的主要格式有 WAV、MP3、MIDI 和 WMA，不同格式适用于不同应用场合。常用的播放器有：百度音乐（原千千静听）、Winamp、酷狗、QQ 音乐、Foobar2000 等。同一声音不同格式的声音文件播放效果和存储空间不同。我们应选择合适格式呈现教学内容，并适当节省存储空间。

视频文件的主要格式有 AVI、MPEG/MPG、RA/RM/RMVB、MOV、ASF/WMV，不同格式适用于不同应用场合。常用的播放器有：Windows Media Player、RealPlayer、KMPlayer 等。同一视频不同格式的视频文件播放效果和存储空间不同。我们应选择合适格式呈现教学内容，并适当节省存储空间。

不同的信息化教学资源素材有其自身的特点，应根据课程的性质、内容和教学要求的不同选择适合的信息化教学资源，还要根据教学环境和课程需求选择合适的教学方法，只有课程、环境、资源和教学方法有机结合，才能达到最佳的教学效果，实现教学目标。

【思考与探索】

1. Acdsee 提供了几种文件排列方式？分别是什么？

2. 请列举出当前最流行的视频播放软件(至少 3 种)，并简单说明它们的特点。

3. 什么是 MP3？它具有什么特点？

第 4 章
认识信息化教学方法

【教学情境】

　　当前，各种手机、PAD、手持电脑等移动终端的出现，方便了人们的工作和生活，同时也为教与学的活动提供了更加快捷的方式。人们可以在任何地方，在任何时刻，借助互联网和移动终端来获取所需要的学习资源和开展互动交流活动。由此可见，信息化的技术给教育教学带来了更加深远的影响。

　　以往，对于教学方法等理论的研究已经不能满足现代信息技术快速发展的教育需求。学生学习、了解世界的途径不再是单纯的由教师讲授得来。通过微信、QQ、慕课等各种在线工具、平台，学生们的学习方式，老师的教学方法都受到了前所未有的冲击。对此，教师如何在现有的信息化手段下灵活地运用各类信息化教学方法来开展教学，是一个非常有挑战性的工作，对于教师来说，认识和掌握目前常见的信息化教学方法，并能运用到自己日常的教学活动中是非常有必要的。

【解决方案】

　　教师要能根据自己所教授课程的内容、特点来选取合适的信息化教学方法，这样才能达到较好的教学效果。为更好地掌握信息化教学方法，首先，我们需要了解信息化案例教学法、信息化驱动教方法、信息化项目教学法、混合式教学法、信息化仿真/模拟教学法和信息化参与式教学法的基本结构、流程。熟悉这 6 类信息化教学方法的适用条件、优缺点。本模块从六类常见的信息化教学方法出发，分别设置了相应的工作任务，通过分析、讨论不同特点的课程应该采用何种信息化教学方法以及如何使用信息化教学方法，来向读者介绍这几类信息化教学方法的实施步骤、适用环境。其次，是能够根据课程内容特点和教学需求，选择合适的信息化教学方法，提高教学效果如图 4 - 1 - 1。

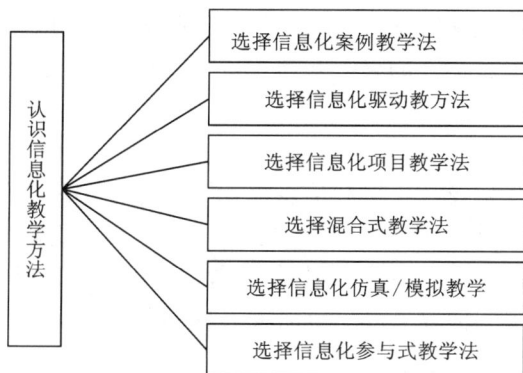

图 4 – 1 – 1　认识信息化教学方法任务分解图

【能力目标】

知识目标：能够熟练掌握本章介绍的 6 种信息化教学方法的内涵、结构和实施环节。

技能目标：能够根据所授的教学内容要求，选择、组织和运用不同的信息化教学方法开展教学。

素养目标：能够根据教学要求，自觉运用信息化教学方法开展教学活动。

任务 4.1　选择信息化案例教学法

【任务描述】

张老师是某高职院校的教师，长期从事思政类课程《思想道德修养与法律基础》的教学工作。在该课程的知识点中有涉及法定继承这一概念的学习。张老师通过多年的实际教学，深知学生理解和体会法定继承的内涵是比较困难的。在讲授知识点的过程中，如果只纯粹从字面意义上来解释法定继承的概念，会让学生知其义而不知其用。因此，对于张老师来说，他需要使用一种行之有效的教学方法来重新对这节课的教学内容进行设计和实施。根据教学内容的特点，他决定采用信息化案例教学法。

要想采用信息化案例教学法开展教学，首先我们需要了解信息化案例教学法的内涵和适用环境，然后再使用该教学方法来对本次课的内容进行有效的教学设计和实施。

【任务资讯】

1. 案例教学法

案例教学法最早是由美国哈佛法学院于 1870 年首创的，经过后来的推广，从美国传播到世界各地，被认为是代表未来教学方向的一种成功教育方法。20 世纪 80 年代，这种教学法被引入我国，在我国逐渐被应用于某些课程的教学中。案例教学是一种通过模拟或者重现现实生活中的一些场景，让学生把自己纳入到案例场景中，通过讨论或者研讨来进行学习的一种教学方法，在具有管理类、法律类特点的学科中应用得较为广泛。教师在教学过程中既可以通过分析、比较，研究各种成功或失败的经验，从中总结和归纳出一定的理论原理，也可以让学生通过自己的思考或者他人的思考来拓宽自己的视野，从而丰富自身的知识。

2. 信息化案例教学法

信息化案例教学法是将信息化手段和信息化元素充分应用到案例教学的各个环节，以达到最佳教学效果的教学方法。通常，在案例教学过程的各个环节中，我们常使用的信息化手段有投影仪、双板、视频、动画、多媒体计算机等。使用这种教学方法可以大大提高学生的课堂参与度和学习积极性。

信息化案例教学法

【任务实现】

案例教学法是指教育者本着理论与实际有机结合的宗旨，根据教学目的和要求，以案例为基本素材，将学生引入某个特定的真实情境中，通过师生、生生间的多向互动，积极参与平等对话和研讨，重点培养学生的批判反思意识及团体合作能力，并促使学生充分理解问题的复杂性、变化性和多样性等属性的教学方法。

可以说案例就是对实际情境中的真实事件进行叙述，对于案例的叙述可以采用丰富多样的形式。例如：将真实事件采用视频录制的方式进行重新演绎、通过收集大量事件的相关资讯进行案例说明、通过动画的形式来介绍案例内容等。在案例的展现上，可以充分地利用信息化的手段和技术来还原事件，让学生能最大限度地了解要讨论案例的真实情况。在此，需要强调的一点是案例一定是真实的、有效的，是来源于实际生活的，而不是为了配合案例教学的需要牵强编造出来的。同时，在基于事实的前提下，在进行案例教学时，可以对教学的材料和内容进行必要的处理，例如：真实事件的一些琐碎且与案例内容无关的部分，可以进行删除或者弱化，重点组织学生对与教学内容相关的事实部分进行分析和讨论。

在采用案例教学法进行教学设计时，教学目的的设置要偏重于培养学生分析问题和解决问题的能力，教师在把控案例教学过程中一定要注意始终突出案例的目的性，不要让学生在讨论过程中将讨论的主题走偏。此外，案例陈述的真实性、案例内容的仿实践性、案例设计的问题性和案例性质的典型性都是教师在实施教学过程中要注意把控的。

信息化案例教学法是在案例教学法思路的基础上，在各实施环节尽可能地利用各种信息化技术、信息化方式和信息化手段来更好地将知识点用形象生动、乐于被学生接受的形式来展现的，以此来达到更好的教学效果。下面我们一起看看如何使用信息化案例教学法来帮助张老师完成《思想道德修养与法律基础》中法定继承这一部分的教学工作。

4.1.1　采用信息化案例教学法的步骤

1. 选取合适的案例

根据教学计划，本次课程的教学内容是法定继承。教学目标是让学生掌握法定继承的相关法律条文并能够在实际生活中加以运用。运用信息化案例教学法的关键在于选取一个恰当的案例，根据法定继承的法律条文，张老师可以考虑通过网络或其他途径收集一些相关的案例视频、案卷等作为课堂学习和讨论的素材。当然，可能现实中真实发生的案例不一定能很好地契合本次课法定继承要学习的所有条文，对此，也可以考虑采用基于真实案例而适当修改的案例，但是绝不能是完全虚构的案例，可以在修改案例过程中将需要学生学习和掌握的条文都设计到该案例中，然后再采用录制视频的方式来将虚拟案例呈现给学生观看。

在这个环节，教师要尽可能用计算机演示或者网络教案，而将案例布置给学生后，要对分析框架或理论工具等给予必要的指导。准备一系列能引导学生讨论的问题，并充分设想案例讨论中可能出现的各种问题及其处理方法。随着教学内容的推进，逐渐加大信息量、案例综合性及题目的难度。

2. 讲解讨论案例

讲解讨论案例是案例教学法实施过程中的中心环节。在这个环节中，作为教师要设法调动学生的主动性，引导学生紧紧围绕案例展开讨论。在讨论过程中，采用的方式可以多样化，既可以全班一起讨论，也可以划分成小组讨论。例如：在张老师的课堂上，可以采取小组讨论的形式，每组根据自己对法定继承相关法律条文的理解来判断案例中各方当事人的权利、义务的范围，这种围绕案例展开讨论的方式能使学生感到形象逼真，真实而又在现实生活中运用得上，从而大大提高他们的学习兴趣和教学效果。

在这个环节，教师应该注意营造良好的自由讨论的氛围，一方面要设法调动学生的主动性和积极性，鼓励学生参与讨论，并认真聆听学生的发言；另一方面要引导学生紧紧围绕案例主题展开讨论。对不同观点及时进行分类梳理，对有些重要的理念给予提示。同时，教师还应讲究引导的方法和技巧，如教师不要直接表露自己的观点，以避免约束学生的思维空间，发现学生的判断有误时，不是正面纠正，而是引导学生认识到自己的错误并自我修正。这些都要求教师熟透案例，有广博的知识和较强的逻辑分析、要点概括、驾驭课堂的能力。

此外，在讨论环节中如何设计知识点的学习与应用，这也是讲解讨论环节的重点。在正式进入讨论之前，教师应该先就相关的知识点下发讨论资料，提前让学生进行预习和了解，这样学生才能带着问题和预设内容去观看、了解案例，以达到有话可讲、有观点可讨论的目的。可以说，在这个环节中关于知识点的设计和引导是非常考验教师运用案例教学法的功底的。

3. 总结案例

在学生对案例进行分析、讨论并得出结论之后，教师必须对讨论情况、观点进行归纳总结，做出恰如其分的评价，肯定一些好的思路和独到的见解，指出讨论中存在的缺陷和不足。针对案例中的主要问题做出强调，使学生加深对知识点的把握。对学生在讨论过程中不够深入、不够确切的地方，要做重点讲解。同时教师还应该特别提出，通过案例分析讨论，学生应该吸取什么样的经验教训。

需要特别指出的是，在进行案例教学时，教师应该具备实施案例教学的能力。教学前，教师要花费大量的时间进行案例的选择和预先设计工作；教学中，教师不仅要掌握教学的进度和方向，引导和鼓励学生去思考、发表独到的见解，而且，还要努力营造适当的课堂氛围，既要达到一定的共识，又要给不同的见解以生存的空间，让学生学会从各种不同的角度去分析问题和解决问题；在案例教学结束时，教师要能善于总结，从案例中提炼出教育理论。

4.1.2　了解信息化案例教学法的优点

1. 启发式教学

在高职院校中，很多偏文科类的课程都与张老师所讲授课程《思想道德修养与法律基础》有类似的特点。这些课程有过多抽象的理论描述，概念性的知识点特别多。如果教师仅仅采用满堂灌，学生做笔记，教师讲，学生听的方式，常常会使学生感到上课枯燥乏味，产生消极厌倦情绪，缺乏学习热情，课堂教学效果欠佳。而信息化案例教学法采用以案论理，则是从具体案例分析入手，辅助以信息化技术和手段来进行课堂展现和实施，引导学生进行思考、总结，然后再上升到理论的高度，从而阐明某个知识点的内涵，将过去"以教师为中心"的教学格式转变为"以教师为主导，以学生为主体"的教学格局，强调师生互动和学生自由发挥，这样，学生由过去被动接受知识转变为主动接受知识与主动探索，切实体会到所学知识的价值。而且在案例教学中，案例没有标准答案，讨论可以大胆假设，可以从多个方面寻找答案，这大大激发了学生学习的兴趣。因此，案例教学以及信息化案例教学可以充分调动学生的积极性，培养独立的思考能力和创新能力。

2. 提高学生分析问题的能力

传统的理论教学忽视了对学生实践能力的培养，而案例教学则将真实生动的案例呈现给学生，把分析决策的空间留给学生，让学生进入所描述的情景现场，身临其境地利用所学理论知识来做分析判断，通过独立思考、集体讨论寻找解决实际问题的方法与途径。这样能使学生顺利实现由理论知识向实践能力的升华，增强他们学习的兴趣。

3. 有利于学生综合素质的提高

信息化案例教学法在实施过程中要求学生能通过对案例的分析发现问题，找出解决问题的办法，并通过学生查阅资料、分析判断，进行小组讨论、课堂交流等，培养学生查阅资料、写作、决策、理解、沟通协调、集体领导、说服、讲演等能力。

4. 有利于教师素质的提高

一堂成功的案例教学课，需要教师根据学生的实际情况，从各种渠道挑选出让学生感兴趣的案例，并在课堂上能根据学生的不同反映及时地加以引导，让学生从案例分析中获得知识。这就要求教师对案例的熟悉程度相当高，并对案例所涉及的相关知识有所了解，这样能使教师的素质不断提高。

就像王文槿在《职业院校信息化教学方法与策略研究》一书中强调的那样，一个成功的案例教学应该具备下面三个特点：

首先是真实可信。案例是为教学目标服务的，因此它应该具有典型性，应该与所对应的理论知识有直接的联系。但它一定是经过深入调查研究，来源于实践的，决不可由教师主观臆测，虚构而作。尤其面对有实践经验的学生，一旦被他们发现是假的、虚拟的，于是便以假对假，把角色扮演变成角色游戏，那时锻炼能力就无从谈起了。案例一定要注意真实的细节，让学生犹如进入企业之中，确有身临其境的感觉。这样学生才能认真地对待案例中的人和事，认真地分析各种数据和错综复杂的案情，才有可能搜寻知识、启迪智慧、训练能力。

其次是客观生动。真实固然是前提，但案例不能是一堆事例、数据的罗列。教师要摆脱乏味教科书的编写方式，尽其可能调动些文学手法。比如采用场景描写、情节叙述、心理刻画、人物对白等，甚至可以加些评议，边议边叙，作用是加重氛围，提示细节。但这些议论不可暴露案例编写者的意图。更不能由议论而产生引导结论的效果。案例可随带附件，诸如该企业的有关规章制度、文件决议、合同摘要等，还可以有有关报表、台账、照片、曲线、资料、图纸、当事人档案等一些与案例分析有关的图文资料。当然这里所说的生动，是在客观真实基础上的，旨在引发学员兴趣的描写，应更多地体现在形象和细节的具体描写上。这与文学上的生动并非一回事，生动与具体要服从于教学的目的，舍此即为喧宾夺主了。

最后是案例的多样化，案例应该只有情况没有结果，有激烈的矛盾冲突，没有处理办法和结论。后面未完成的部分，应该由学生去决策、去处理，而且不同的办法会产生不同的结果。假设一眼便能望穿，或只有一好一坏两种结局，这样的案例就不会引起争论，学生会失去兴趣。

【任务小结】

通过选择信息化案例教学法这个任务，主要认识和理解了信息化案例教学法内涵、实施步骤和优点。

信息化案例教学法是将信息化手段和信息化元素充分应用到案例教学的各个环节，以达到最佳教学效果的教学方法。在采用该教学方法时，通常包括选择合适的案例、讲解讨论案例和总结案例三个步骤。

信息技术发展迅猛，数字化教学资源越来越丰富，信息化教学环境不断升级，采用合适的信息化教学方法是教学实施的必要环节。因此，充分认识和理解信息化案例教学法的特点和实施步骤，发挥其优势，合理运用该方法，就能提高教学效果。

任务 4.2　选择信息化任务驱动教学法

【任务描述】

李老师是一所高等职业院校计算机专业的教师。她长期从事计算机专业核心课程的教学，例如：《JAVA 程序设计》《JSP 网页设计》等。像上述这类偏工科特点的课程最大的特点就是实际操作性强，课程的教学目标是要求学生能够熟练地利用所学程序语言或软件开发工具完成实际的软件开发任务。因此，对于李老师来说，选用合适的教学方法来开展这类课程的教学是非常重要的。在此，我们建议李老师可以选择采用信息化任务驱动教学法。

首先，我们一起来了解信息化任务驱动教学法的使用步骤和适用环境，然后再帮助李老师来一起针对《JAVA 程序设计》课程中一次课的教学内容采用该教学方法进行教学设计和实施。

【任务资讯】

1. 任务驱动教学法

任务驱动教学法是一种建立在建构主义学习理论基础上的教学法，它将以往以传授知识为主的传统教学理念转变为以解决问题、完成任务为主的多维互动式的教学理念；将再现式教学转变为探究式学习，使学习处于积极的学习状态，每一位学生都能根据自己对当前问题的理解，运用共有的知识和自己特有的经验提出方案、解决问题。任务驱动的教与学的方式，是能为学生提供体验实践的情境和感悟问题的情境，围绕任务展开学习，以任务的完成结果检验和总结学习过程等，改变学生的学习状态，使学生主动建构探究、实践、思考、运用、解决、高智慧的学习体系。

2. 信息化任务驱动教学法

信息化任务驱动教学法则是将信息化手段和信息化元素应用于任务驱动教学的各个环节中，以此达到最佳教学效果的一种信息化教学法方法。

信息化任务驱动教学法

目前，在学科教学中运用信息化任务驱动教学法最普遍的就是计算机专业的教学。首先，计算机技术的飞速发展是促使信息化任务驱动教学法应用于计算机教学中的首要因素。传统的教学方法主要是以框架为主，显得呆板僵化，并且讲究教学的"循序渐进"，稳步前进。然而，计算机教学拥有其独特的学科特征，其知识内容呈现出拓扑状的网络型结构，使得学科的教学不需要按部就班，可随意选择教学的切入点，但也造成了计算机教学难以掌握的困境。这也就是对计算机教学方式改革的呼唤，而任务驱动教学法的应用就显得相得益彰。

【任务实现】

任务驱动教学法是指由教师根据当前教学主题设计并提出"任务"，针对所提出来的任务，采用演示或讲解等方式，给出完成任务的思路、方法、操作和结果，然后引导学生边学边做，并完成相应的任务。从学生的角度来说，"任务驱动"是一种学习方法，它适于各类实践性和操作性较强的知识和技能。学生的讨论、探究等活动是在老师的指导和监控下进行的，学生作为整个学习过程中的主要演员要去发现任务中的问题、解决问题，学生是基于解决任务、根据任务的需求而学习新的知识和技术的。从教师的角度来说，任务驱动法是一种值得探索和实践的教学方法，该教学方法体现了"以任务为主线，以教师为主导，以学生为主体"的教学思想，教师的教学与学生的学习都是围绕着一个目标，基于任务来完成的，适合于培养学生的自学能力和分析问题、解决问题的能力，充分发挥学生的主观能动性，非常适用于计算机软件课程的教学与学习。下面我们一起来看看如何使用运用信息化任务驱动教学法来帮助李老师完成《JAVA 程序设计》课程的一次课内容的设计。

4.2.1　采用信息化任务驱动教学法的步骤

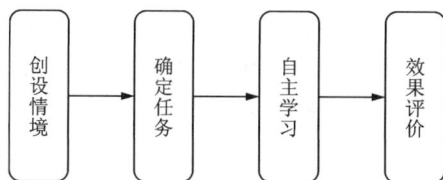

图 4 - 2 - 1　信息化任务驱动教学法的步骤流程图

1. 创设情境

在信息化任务驱动教学法中，第一步就是需要创设与当前学习主题相关的、尽可能真实的学习情境，引导学生带着真实的"任务"进入学习的情境，使学习更加直观和形象化。生动直观的形象能有效地激发学生联想，唤起学生原有认知结构中有关的知识、经验及表象，从而使学生利用有关知识与经验去"同化"或"顺应"所学的新知识，发展能力。

对于《JAVA 程序设计》这门计算机专业课程来说，如何根据知识点来创设情境呢？这就需要任课老师李老师按照课程标准里规定的教学内容进行必要的调整和重构，以此来达到创设一个教学情境的目的。例如，在讲解到使用 JAVA 程序语言进行窗口类程序的设计与实现时，可以创设这样一个情境：某超市经理苦于超市商品众多，查询商品种类、价钱、折扣、库存等都十分烦琐头疼，因此想请程序员开发一个简易的超市商品库存管理系统，通过界面友好的 JAVA 窗口程序来使库存管理员既能随时查询目前超市中各类商品的相关信息，又能操作简捷、易懂，上手快。很显然，这就是一个针对 JAVA 窗口程序创设的情境，通过这个情境，向学生提出了要使用 JAVA 语言设计开发一个简易超市商品库存管理系统的要求。

2. 确定问题(任务)

在已经创设的情境下，教师需要选择一个或多个与当前学习主题密切相关的真实性事件或问题(任务)作为学习的中心内容，让学生面临一个需要立即去解决的现实问题。而信息化任务驱动教学法中关于问题(任务)的解决有可能使学生更主动、更广泛地激活原有知识和经验，来理解、分析并解决当前问题，问题的解决为新旧知识的衔接、拓展提供了理想的平台，通过问题的解决来建构知识，正是探索性学习的主要特征。

在该环节中，教师最主要的是根据学习的内容来确定拟要解决的问题。例如，在上一环节中，教师已经拟设了为某超市开发一个超市商品库存管理系统的情境。接下来，在本环节中，教师就要为该库存管理系统具体需要具备哪些用途，需要实现哪些功能来进一步细化要解决的问题。对于李老师来说，可以根据《JAVA 程序设计》课程中在窗口程序开发这一模块内容中需要学生掌握的知识点来设计问题。比如：在库存管理系统中，需要有一个系统主界面并能以下拉菜单的形式来展现并提供给使用者选择并点击系统的所有功能。再或者，在库存管理系统中要能提供连接打印机，用来实现将库存商品的清单列表打印出来的功能，等等。对于教师来说，在这个环节里，最重要的就是根据教学内容，如何去设计任务、提出问题。

3. 自主学习、协作学习

在这个环节中，如何分析、解决上一步中提出的问题(任务)是关键。关于解决问题所需要的知识储备和方法，不是由教师直接告诉学生的，而是由教师向学生提供解决该问题的有关线索，如需要搜集哪一些资料，需要查阅和详读哪些材料，从何处能获取解决问题所需要的有关信息资料等，在这个过程中，强调发展学生的"自主学习"能力。同时，倡导学生之间的讨论和交流，通过不同观点的交锋，补充、修正和加深每个学生对当前问题的解决方案。

同样以"JAVA 程序设计"课程为例，在特定创设的情境下，教师设计了一个连接打印机并实现将库存管理系统中的商品数据清单进行打印输出的功能。当教师在将这个问题(任务)布置给学生的同时，他应该为学生提供必要的帮助，例如：提供所连打印机的驱动程序、JAVA 程序开发所使用的程序包等，如果他不能提供这些资源的话，也要告知学生到哪里可以找到或者下载到这些资源。在教师提供了必要的基础资源后，具体如何使用这些驱动程序和程序包来进行编程，以达到连接并打印数据的功能，就应该是以学生为主导来进行了。学生之间可以互相讨论、交流，并且尝试编写程序，以此来验证自己的程序是否能实现教师提出的要求，从而解决问题。

4. 效果评价

在信息化任务驱动教学法中，对学习效果的评价主要包括两个部分，一方面是对学生是否完成当前问题的解决方案的过程和结果的评价，即所学知识的意义建构的评价，另一方面就是对学生自主学习及协作学习能力的评价。

具体的考核方式的设计既要考虑到学生的学习态度，也要考虑到学习效果，缺一不可。以"JAVA 程序设计"这一次课所对应的教学模块为例，任课教师可以考虑以态度考核为核心基础，以知识、技术、能力为考核内容，分步进行考核。每个单元的学习分三个步骤，所有考核过程也分三个，再加上学习态度，考核内容可以分成四个方面，即单元模块成绩 = 态度考核(30%) + 学习考核 20% + 模仿考核(20%) + 独立考核(30%)，具体涉及的知识点考核标准，可以进一步细化，制定考核详细指标。由于在教材中会有专门章节对学习效果评价进行说明介绍，故在此不再赘述。

4.2.2　了解信息化任务驱动教学法的特点

"信息化任务驱动"教学法最根本的特点是"以任务为主线、教师为主导、学生为主体"，改变了以往"教师讲，学生听"，以教定学的被动教学模式，创造了以学定教、学生主动参与、自主协作、探索创新的新型学习模式。通过实践发现这种方法有利于激发学生的学习兴趣，培养学生分析问题、解决问题的能力，提高学生自主学习及他人协作的能力。

信息化任务驱动教学法实施的几点注意事项：

(1)实施过程中，教师要在总体学习目标的框架上，把总目标细分成一个个的小目标，并把每一个学习模块的内容细化为一个个容易掌握的"任务"，通过这些小的"任务"来体现总的学习目标。

(2)在使用教学法的过程中，要根据教学内容来灵活使用。也就是说不是所有的学科、所有的课程、所有的教学内容都适合采用"信息化任务驱动教学法"。通常使用该方法较多的是计算机等强调能力应用的学科。例如：在《JAVA 程序设计》课程中，不一定需要学生确切地清楚打印机的驱动程序是如何编写，如何成功连接打印机的。对于学生来说，在已提供打印驱动程序的前提下，认识并掌握如何使用 JAVA 程序语言编写程序来实现将数据送至相关函数就足够了。对于一些学有余力且有兴趣的同学，教师可以根据情况再继续加以引导，以了解更深层次的原理。

3. 在设计"任务"时，教师要注意到不同层次学生的认知能力、接受水平的差异。要将学习目标分层次，针对不同水平的学生分别提出恰当的基础目标、发展目标和开放目标，在此基础上设计具有一定容量、一定梯度的"任务"，要求所有学生完成基础目标对应的小任务，学有所思的学生接着完成下一个需要努力才能完成的发展目标对应的任务，学有所创的学生还应该继续完成后面开放性的任务。

✐【任务小结】

通过选择信息化任务驱动教学法这个任务，主要认识和理解了信息化任务驱动教学法的内涵、实施步骤和特点。

信息化任务驱动教学法是指由教师根据当前教学主题设计并提出"任务"，针对所提出来的任务，采用演示或讲解等方式，给出完成任务的思路、方法、操作和结果的方法。在采用该教学方法时，通常包括创设情境、确定问题、自主学习、协作学习和效果评价四个步骤。

信息技术发展迅猛，数字化教学资源越来越丰富，信息化教学环境不断升级，采用合适的信息化教学方法是教学实施的必要环节。因此，充分认识和理解信息化任务驱动教学法的特点和实施步骤，发挥其优势，合理运用该方法，就能提高教学效果。

任务 4.3 选择信息化项目教学法

▦【任务描述】

王老师是某高职院校的机械专业教师，他长期从事机械专业中《机械设计基础》的教学工作。通过多年的教学工作，王老师觉得在传统的教学模式中，高职院校受实训场地和规模的限制，很多课程，比如机械模具的拆装等必须要亲自动手的课程，也只能由教师现场讲解，学生观摩。虽然这种以教为主的教学模式在一定程度上解决了教学资源不足的问题，但是因为拆装的步骤很多，要注意的环节很细，学生很容易记住了后面的步骤又忘记了前面的，而且学生的动手能力不足，拆装出来的零件不是多了，就是少了，很难达到理想的教学效果。王老师想改变目前这种教学模式，希望能通过引入信息化元素的方式来提高学生的动手能力，让学生在动手之前就对自己即将拆装的机械了然于胸，变被动学习为主动学习，营造一个积极向上的学习氛围。对于王老师的设想，他需要引入一种形式更丰富、学生参与度更高的教学方法来重新对《机械设计基础》这门课程进行设计和实施。对此，他决定采用信息化项目教学法。

在采用信息化项目教学法开展教学前，我们首先需要了解这种教学方法的内涵、特点以及适用环境。

【任务资讯】

1.项目教学法

项目教学法是师生通过共同实施一个完整的项目工作而进行的教学活动。在项目教学中，学习过程成为一个人人参与的创造实践活动，注重的不是最终的结果，而是完成项目的过程。学生能在项目实践过程中，理解和把握课程要求的知识和技能，体验创新的艰辛与乐趣，培养分析问题和解决问题的思想和方法。

2.信息化项目教学法

信息化项目教学法就是将信息化手段和信息化元素充分应用到项目教学的各个环节中，以达到最佳教学效果的教学方法。

信息化项目教学法

【任务实现】

项目教学法在职业院校的实习实训中应用较为广泛，通常是学生在几天或几周时间内解决一个问题的一种教学方式。具体来说，项目教学法是指由教师根据当前教学主题设计并提出需要完成的工作"项目"，并针对该"项目"，先采用分步骤演示和讲解等方式，给出完成任务的思路、方法、操作和结果。在项目教学中，学习过程成为一个人人参与的创造实践活动，注重的不是最终的结果，而是完成项目的过程。学生能在项目实践过程中，理解和把握课程要求的知识和技能，体验创新的艰辛与乐趣，培养分析问题和解决问题的思想和方法。以《机械设计基础》这门课程的教学为例，可以通过一定的项目让学生完成一个模具从设计、加工生产、产品质量检验等生产流程，从中学习和掌握机械原理、材料处理、制造工艺以及各种机床的使用与操作。还可以进一步组织不同专业与工种，甚至不同职业领域的学生参加项目教学小组，通过实际操作，训练其在实际工作中与不同专业、不同部门的同事协调、合作的能力。

项目教学法有助于培养学生的学习动机，培养学生独立思考、自信的品质和社会责任感。

4.3.1　采用信息化项目教学法的步骤

1.分析学习计划和方法

学生和老师一起创设情境，分析学习计划和方法，提供所有必要的学习信息以总结出最终的学习目标。在这一阶段教师是绝对的主体，需要做大量前期工作：了解企业条件、了解学生能力、制作订单、先行实验等。项目课程要求教学规范，要保证按实践课程设计学习过程，在实践情境中开展学习过程，并最终落实到促进学习者有效学习，教师的组织方式变为教师团队或专家工作室，教学场所融实践与理论学习于一体。

对于《机械设计基础》这门机械专业课程来说，如何根据知识点来创设情境呢？王老师必须要先根据教材和大纲的要求选出适当项目，开发该门项目课程。比如，王老师可以要求学生完成单级齿轮减速器的拆装，并完成相应的图纸，并将图纸作为项目教学法中工作成果的认定。总之，该选定的项目可以是由若干个项目组成，也可以是一组典型的工作任务，综合覆盖若干个实际工作任务；也可以是针对某一典型的工作任务，完整地经历生产某一产品的工作过程；还可以解决某个单个或局部的问题。一般来说，一门项目课程，纵向上可以分成若干个项目，其逻辑关系可以分为：递进式(按复杂程度)、流程式(按工作过程)和并列式(按任务安排)等。横向上每个项目可以分为若干个模块，一个项目与其对应模块是分解的关系，从大的典型产品(设备、故障、服务)到小的典型产品(设备、故障、服务)，每个模块以4至8个学时为宜。

项目课程下的模块内容：以工作任务中的职业能力培养为目标，主要内容包括工作任务、技术实际知识、技术理论知识、拓展性知识、工具材料、教学要求、技能考核要求、学习时数等。其中技术实践知识是指完成某项工作任务必须具备的操作性知识，如操作步骤、工艺、工具设备等。技术理论知识，是指完成该工作任务必须具备的理论性知识，用于解释"为什么要这样操作"，其基本要求是以满足工作过程为基本原则，要避免以工作任务为参照点，重新裁剪原有理论知识体系的倾向。技能考核要求要全面反映职业资格标准和岗位规范要求，并有机嵌入专业课程标准之中。

2. 确定问题(任务)

接下来在已经创设的情境下，通过老师的帮助，学生可以预测出自己的学习程序，定制必需的学习计划，以达到学习目的。此时学生成为了主体，他们需要在这一阶段完成：各个工作步骤、建立工作小组、明确职责并确定时间计划。并且这一过程需要得到老师的认可。

我们依然以《机械设计基础》这门课程为例，王老师通过对教学项目进行详细的规划，制定了符合学生自身特点和教学要求的教学项目任务。职业学校的学生理论知识掌握的程度和能力是有限的，所以需要选择一个既不太难也不会过于容易的项目。太难容易挫伤学生的学习积极性，而太容易则会让学生失去学习的动力，觉得没什么可研究的。信息化项目教学法给了王老师在项目的选择上更广泛的选择范围。也让他能给学生更充足的空间进行自我选择，针对学生的实际能力，结合原有知识和操作经验，来理解、分析并解决当前问题，问题的解决为新旧知识的衔接、拓展提供了理想的平台，通过问题的解决来建构知识，正是探索性学习的主要特征。

在该环节中，教师最主要的是根据学习的内容来确定拟要解决的问题。例如，在上一环节中，王老师已经设置了完成单级齿轮减速器的拆装这一任务情境。接下来，在本环节中，王老师就需要为该项目提供相关的资料准备和图纸绘制所需要的技能准备了。而这一切前期的准备工作均可以充分考虑到信息化手段的运用。比如把整个减速器的拆装过程全部通过多媒体演示出来，让学生一遍又一遍地观看，并且需要把实验需要用到的参数，需要填写的表格等全部了然于胸。对于教师来说，在这个环节里，最重要的就是根据教学内容，如何去设计项目、提出问题，并且给予学生相应的资料参考。

3. 讨论学习程序，确定学习方式

在这个环节中，学生和老师共同讨论学习程序，决定最终学习方式，来完成学习需要。工作以大组或者小组形式进行，对大量收集到的信息进行调查、实验及研究处理，并基于此，以计划为核心对任务执行做出决策。

在组织过程中，老师首先要摆正自身在项目教学中的位置，将机械设计教学充分交给学生，老师主要承担引导者、主持者和评价者的角色。在整个项目教学的实施过程中，教师在这一阶段的任务就是引导和帮助学生，使他们尽可能地完成项目。

同样以《机械设计》课程为例，王老师可以把5～6个学生分成一个小组，在小组中每个学生分担的角色和任务各不相同，但又都是以齿轮减速器的设计为目标，对设计参考图和动画演示的拆装过程进行观察和动手操作，完成各自该完成的基本任务，包括对齿轮减速器结构的分析、减速器轴的设计以及减速器中刚度和强度的设计方法等，然后共同完成齿轮减速器的设计项目。这样的方式能让小组中的每一位成员都参与到学习当中，充分调动每一个学生的学习积极性，同时这一过程还充分培养了学生的沟通协调能力和团队合作精神。

4.效果评价

在信息化项目教学法中，对学习效果的评价主要包括两个部分，应该采用多元化的评价标准，从各个方面对学生的完成情况进行评价，而不仅仅是对最后的设计结果来进行评价。在教学评价中，老师可以将过程评价和师生共同评价等几种方式结合起来运用，以求对学生在教学项目任务中的表现进行客观正确的评价，从而促进教学质量的不断提高。关于学习效果的评价，在教材中会有专门的章节进行详细介绍，在此不再赘述。

4.3.2　了解信息化项目教学法的特点

信息化项目教学法最根本的特点是：它是一种在建构主义学习理论指导下的教学法，是基于探索性学习和协作学习的一种模式，其本质是既强调学习者的认识主体作用，又充分发挥教师的主导作用；是一种将工作作为课程内容的载体，即按照工作的相关性来组织课程的教学内容，而不是根据知识的相关性组织课程内容。这种教学方法要求教学设计者把教学内容和教学目标巧妙地隐含在一个个任务之中，即教学进程由任务来驱动，而不是对教材内容的线性讲解，在教学实施过程中，教师要采用相对开放的教学组织方式，以保证教学的有序进行。

信息化项目教学法实施的几点注意事项：

（1）①在实际应用中要依据项目任务将原有课程内容重新进行取舍组合。②校本教材的开发：项目课程的实施需要配套的新版教材，教材开发要按照职业实践的逻辑顺序，重点挖掘并拓宽课程内在的运用的关联、延伸和互动。③教师的培训：学校组织课程开发专家对电子技术应用教师进行项目课程的培训。项目课程开发采取边开发边实施的策略。④实施过程中，出现的矛盾与问题要及时反馈，以利于修正和完善项目课程体系。

（2）在使用教学法的过程中，要根据教学内容来灵活使用。也就是说不是所有的学科、所有的课程、所有的教学内容都适合采用"信息化项目教学法"。通常使用该方法较多的是机械、电气、计算机等专业中强调能力应用的学科。

（3）在设计"项目"时，教师一定要注意到不同层次学生的认知能力、接受水平的差异。要将学习目标分层次，针对不同水平的学生分别提出恰当的基础目标、发展目标和开放目标，在此基础上设计具有一定容量、一定梯度的"任务"，要求所有学生完成基础目标对应的小任务，学有所思的学生接着完成下一个需要努力才能完成的发展目标对应的任务，学有所创的学生还应该继续完成后面开放性的任务。

在实施项目教学法时，要注意教学环境应当与企业实际生产过程有直接的关系，能将某一教学课题的理论知识和实践技能结合在一起，并具有一个轮廓清晰的任务说明。学生应有独立进行计划工作的机会，在一定时间范围内可以自由组织安排自己的学习，能自己处理项目中出现的问题。

与传统的教学方式相比，项目教学对老师的素质提出了更高的要求，除了能讲还要能动手，要求学生完成任务的同时，老师自己也要能完成，老师要具有职业经验，了解企业的工作过程，才能从整体联系的角度选择出具有典型意义的职业工作任务来作为教学项目。同时，由于项目教学是以典型的职业工作任务来组织教学内容的，理论知识和实践知识通过这些典型的工作任务要能有机地结合起来，老师不能只具有专业理论知识，也必须要熟悉职业实践。因此，就要求老师也要定期通过企业见习、下现场等各种方式手段来了解企业、积累工作经验，以达到不断提升自己的目的。

✎【任务·小·结】

通过选择信息化项目教学法这个任务，主要认识和理解了信息化项目教学法的内涵、实施步骤和特点。

信息化项目教学法是以项目作为载体，通过项目的完成来让学生掌握和运用所学知识的方法。在项目教学法的具体实践中，教师的作用不再是一部百科全书或一个供学生利用的资料库，而成为了一名向导和顾问。在采用该教学方法时，通常包括分析学习计划和方法、确定学习方式和效果评价四个步骤。

信息技术发展迅猛，数字化教学资源越来越丰富，信息化教学环境不断升级，采用合适的信息化教学方法是教学实施的必要环节。因此，充分认识和理解信息化项目教学法的特点和实施步骤，发挥其优势，合理运用该方法，培养学生合作、解决问题等综合能力，能有效提高教学效果。

任务 4.4　选择混合式教学法

▦【任务描述】

刘老师是某高职院校的英语教师，他长期从事旅游管理专业中"商务英语"的教学工作。通过多年的教学工作，刘老师觉得在传统的英语教学模式中，高职英语教学提供的是以教师为中心进行教学的方式，学生处于被动学习的地位。虽然这种以教为主的教学模式在一定程度上可以改善学生的英语应试水平，但也培养了一批只会做题不会用英语的学生。刘老师想改变目前这种较为传统、单一的英语教学模式，希望能通过引入信息化元素的方式来提高学生的英语学习兴趣，让学生变被动学习为主动学习，营造一个积极向上的学习氛围。对于刘老师的设想，他需要引入一种形式更丰富、学生参与度更高的教学方法来重新对"商务英语"这门课程进行设计和实施。对此，他决定采用混合式教学法。

在采用混合式教学法开展教学前，我们首先需要了解混合式教学的内涵、特点以及适用环境。

【任务资讯】

1. 混合式教学

混合式教学即利用传统课堂教学和网络资源与环境教学优势开展的一种教学形式，即线上线下相结合的教学方式。北京师范大学的何克抗教授认为：混合式教学模式结合了传统教学模式和网络化教学的优势，既能发挥教师引导、启发、监控教学过程的主导作用，又能体现学生这一学习主体的积极性、主动性与创造性。

【任务实现】

混合式教学法的思想是将传统课堂教学与现代网络教学相融合，在教学过程中根据教学内容、教学环节，有选择性地选取要使用的教学形式，以此达到线上线下混合教学的目的。因此，对于如何采用混合式教学？在教学过程中哪些环节可以采用线上教学方式？哪些环节可以采用传统的线下教学方式？目前，教育研究者们也无法给出一个固定的模式来定义，但考虑到线上线下各自的优势和特点，我们以一个教学单元为例来介绍混合式教学法在英语教学中的应用。在该教学单元中，具体教学内容有听力训练、词汇讲解、应用写作。这其中既有理论知识的学习（如听力技巧、语法、词汇），也有实践、应用的学习（如自主阅读、听力训练）。因此，针对这样的教学特点，建议采用混合式教学法，对其中理论部分采用线下课堂讲授形式，对实践、应用部分采用线上学习形式。

混合式教学方法强调通过学生主体性与教师主导性的结合来强化学生主体作用的发挥，这正好是符合了建构主义学习的理论。建构主义强调以学生为中心，重视学生认知过程的个性化差异，学生是认知的主体，是知识的主动建构者，因此赋予了学生高度的自主性，要求学生具备高度的学习主动性和积极性，也就是自主学习能力。

基本思路：在高职英语混合式教学过程中，教师主要起带路和引导作用，学生是学习过程中的主角、中心。在教学过程中，教师可以利用线上平台提出教学任务、与学生进行线上交流，学生方则可以使用线上平台检查教学任务、自主学习、交流、讨论以及完成并提交作业。而在线下课堂上，学生可以向教师面对面地提出问题、展示完成的作业和交流互动，教师在线下课堂的主要工作是解决学生提出的问题、对学生的成果进行检查及阶段性测评。在采用混合式教学法开展教学的过程中，是以学生为主体的，比如：资料的查阅、理解和学习，作业的完成，问题的讨论、交流等，都是由学生主导，自主完成的。教师在这个过程中，更多的是从实际情况出发抛出一些具有探究价值的问题，让学生在课下分组进行讨论，并将讨论结果上传到线上学习平台，教师再给予及时的批改、提出意见，最后纳入学生的平时成绩。这样的教学形式不仅锻炼了学生之间的沟通和团队合作能力，而且激发了学生对英语这门外语的学习热情。

4.4.1　认识混合式教学法的结构

1. 课堂模块（线下模块）

根据混合式教学法的特点，整个教学过程可以分成课堂教学（线下教学）和在线教学（线上教学）两部分，在课堂教学模块中教师的大部分时间是用来解决学生提出的疑问、与学生进行全面的交流、检查学生作业的完成情况、通过阶段性测评来掌握学生的学习状况，从而了解学生的学习进程的。此外，教师在课堂上还要不断地向学生强化学习的重难点，帮助学生完成知识的内化，例如在本单元中针对重点句型的应用，教师可以在课堂上组织学生进行对话，通过强化学习的方式来巩固重难点，以达到使学生充分消化知识点的目标。

2. 在线模块（线上模块）

在线模块。首先教师可以给学生列一个学习单，学生根据学习单的指导来看教学视频、PPT、微课等，看完以后要回到学习单与同学或老师进行线上线下讨论、练习。这种自主学习可以让学生掌握本单元其余的课程内容，并完成课后练习或作业。

针对英语课程的教学，目前已经开发的在线教学形式、手段很多，包括：视频、MOOC、微课和 PPT 等。随着移动设备的普及，已经出现了专门的英语学习 APP 软件，学生们可以充分利用这些在线方式进行线上学习，线下进行自由交流。

3. 教学评价

在以往的传统英语教学中，对学生的成绩测评办法多采用：平时成绩（作业 + 出勤）和考试成绩相结合，两种成绩各占一定的比例，得出的成绩为学生的期末分数。然而现实中考试成绩存在不真实性，作业也有抄袭行为，那么最终分数就会不公平。为此，在引入混合式教学法后，期末评分体系进行了调整。具体的评分项目和所占比例可以考虑采用：期中与期末考试成绩、在线学习成绩、课堂表现及作业成绩各占一定比例（所占比例可以由教师自行确定）。其中在线学习成绩包括查阅资料的记录和在线考试绩；课堂表现则重视课堂互动和分组讨论的表现。

对于混合式教学来说，它的使用层面是非常广泛的，甚至于都不能只简单的归类为一种教学方法，因为互联网络与其衍生产品越来越多地渗入到人们的日常生活中，随时随地的教与学这种方式已经深入人心，因此，根据这种混合式教授与学习的应用层次，目前可以大致分成以下四个层次：

第一个层次：线上与线下的混合。

线上与线下的混合，即"E（e - Learning） + C（Classroom）"的混合模式，线上与线下的混合仍然是属于狭义上的混合式学习和教学。

第二个层次：基于学习目标的混合。

基于学习目标的混合式学习，不再单一考虑线上与线下的因素，在"混合"策略的设计上以"达成学习目标"为最终目标，混合的学习内容和方式更为广泛。基于目标的混合式学习既可能都是传统方式的，例如：课堂培训与读书以及讨论会相结合的混合学习；又可能都是在线方式的混合，例如：通过网络虚拟教室学习与 BBS 讨论相结合的在线学习等。因此，这个层次的混合式学习又被称为"整合式学习"。

第三个层次："学"与"习"的混合。

"学"与"习"的混合才是混合式学习的真正内涵。通过"习"将学习的内容应用到实践中去，这是学习最高层次的目的。通常情况下，我们将"学"等同于学习，而实际情况将"习"完全遗漏掉了，绝大多数的面授或在线学习都只是"学"而已，并不是真正意义上的学习。实际上，设计"学"和"习"的混合才是最有效的混合式教与学。而这种在设计上其实是最简单的。

第四个层次：学习与工作的混合。

学习与工作相结合的混合式教与学又被称为"嵌入式"的学习或"行动学习"，与其说是一种学习方法，不如说是一种学习境界。从某种意义上来说，工作本身就是学习。管理者在推动这个层面的效果上，往往体现在通过一些措施来促进员工的工作总结、经验分享以及业务创新上。从多数企业的组织架构来看，教育培训部门很难推动这个层面的"混合式教与学"，这个层次的应用是需要企业参与和推动的。

4.4.2 了解混合式教学法的特征与优点

混合式教学是随着网络学习的兴起和对传统课堂学习的回归而逐渐被关注的一种教学策略和教学理念。混合式教学是以教学目标为导向，在多种教学理论指导下，根据教学内容、学生及教师自身条件，混合"面对面教学""网络学习"和"实践"三种方式来实施教学的一种教学方法。它将传统课堂教学和网络教学有交锋地整合，并将其综合运用于在线学习，从而达到降低成本、提高效益的目的。通过下面表4－4－1三种教学形式的对比，我们能很直观地了解混合式教学法的特征。

表4－4－1 传统教学、基于信息技术环境下的教学、混合式教学的特征

传统教学	基于信息技术环境下的教学	混合式教学
教师主宰课堂教学，以"教"为主	学生自主学习，以"学"为主	学生主体与教师主导和谐统一。以"学"为主，学与教兼顾，保证学生学习顺利进行
以知识教学为主	以培养学习能力为主	既重知识学习，更重能力培养，实现知能并举、发展学习能力
强调学习系统扎实的基础知识	强调自主选择学习内容	既可保证自由选择学习内容，又能保证获得系统扎实的基础知识，实现因材施教、发展个性化。
抽象文字概念的"填灌式"教学	形象具体的"情境式"与"启发式"学习	真实情境与虚拟仿真情境的启发式学习，实现图文并茂、形象与抽象并重的学习过程
学生被动接受	学习自主参与互动学习	自主式学习和参与互动式学习兼有，全面实现学生的自主学习与协作互动
以学习书本知识为主要内容的"封闭式"教学	以学习网络资源为主要内容的"开放式"学习	书本知识学习、课堂集中学习、网络资源学习与社会实践学习相互配合、有机统一
多媒体网络技术单纯作为"辅教"或"辅学"工具	多媒体网络技术作为认知工具、信息加工与信息表达工具和协作交互工具	多媒体网络技术构成网络环境，既作为教师的教学工具，更是学生的认知工具、信息加工与表达工具、协作交互工具等
师生面对面教学	人机交互与师生、生生交互	既可以通过网络环境实现多向性互动、又保证了师生面对面的情感交流与人文精神体验

通过对比，可以明显地看到，与传统的面对面教授法相比，混合式学习具有明显的优势。一是面对面教学方式的使用减轻了网络学习中学生可能存在的孤独感和认同感，加强了师生关系；二是网络教学手段的使用减少了课堂教学时间，让学生可以更多地访问需要学习的资源，灵活性强；三是教学资源得到了更有效充分的使用；四是解决了评估难的问题，通过在线测试等众多信息化手段，为教学提供了丰富的过程评价依据。

✏️【任务小结】

通过选择信息化混合式教学法这个任务，主要认识和理解了信息化混合式教学法的内涵、实施步骤和特点。

信息化混合式教学法的思想是将传统课堂教学与现代网络教学相融合，在教学过程中根据教学内容、教学环节，有选择性地选取要使用的教学形式，以此达到线上线下混合教学的目的。与传统的面对面教授法相比，混合式学习具有明显的优势。一是面对面教学方式的使用减轻了网络学习中学生可能存在的孤独感和认同感，加强了师生关系；二是网络教学手段的使用减少了课堂教学时间，让学生可以更多地访问需要学习的资源，灵活性强；三是教学资源得到了更有效充分的使用；四是解决了评估难的问题，通过在线测试等众多信息化手段，为教学提供了丰富的过程评价依据。

信息技术发展迅猛，数字化教学资源越来越丰富，信息化教学环境不断升级，采用合适的信息化教学方法是教学实施的必要环节。因此，充分认识和理解信息化混合式教学法的特点和实施步骤，发挥其优势，合理运用该方法，培养学生合作、解决问题等综合能力，能有效提高教学效果。

任务 4.5　选择信息化仿真教学法

▦【任务描述】

罗老师是某高职院校数控专业的教师，她长期承担"数控机床"这门专业课程的教学工作。以往，这门课程的实训均采用真实的数据机床来开展学生实训，可是即使是两班倒的方式来开展实训，每台数控机床也只有约八位学生能进行操作，设备严重不足，造成每天平均每个学生上机操作时间不足一个小时，在实训过程中，如果学生出现操作失误等，造成的时间延误就更加不可控了。实训期间，无论罗教师怎样安排协调实训时间，都无法保证每个学生有充足的时间来进行学习、操作。相信罗老师在实训过程中遇到的这个问题，应该普遍存在于以就业为导向、能力本位为办学宗旨的高职院校中。对于罗老师遇到的这种困境，我们建议可以尝试采用信息化仿真/模拟教学法来开展实训教学，从一定程度上来解决设备不足带来的问题。

首先，我们一起来了解关于信息化仿真/模拟教学法的内涵与特点。

🌐【任务资讯】

仿真模拟技术是指遵循相似原理，用模型代替实际系统进行试验和研究的一种技术。仿真（Emulation）是指用一个数据处理系统，来全部或部分地模仿某一数据处理系统，使得模仿的系统能像被模仿的系统一样接受同样的数据，执行同样的程序，获得同样的结果。模拟（Simulation）是指用一个数字处理系统表达某个物理系统或抽象系统中选取的行为特征。而仿真模拟教学就是利用实物或电脑创设各种虚拟环境来模拟真实环境，并根据真实环境中的理论和实际操作情况在虚拟的环境中进行操作、验证、设计、运行等的教学方式。

仿真模拟教学经常被运用于实验和实训课程的教学。这种教学法的优势在于通过计算机和模拟仿真软件的技术支持，可以实现模拟真实工作过程。通常仿真模拟实践教学的运用分成下面三类：

（1）实验仿真：使用计算机技术来模拟实验环境，从而替代或补充了传统的实验教学手段。

（2）实训仿真：由计算机技术来完全仿真一个真实的工厂，或通过控制的模拟实训器，产生逼真的训练、操作环境，可以在节约很多训练时间和经费的前提下达到同样的训练目的。在本项目中，对于"数控机床"课程采用的仿真/模拟教学法就是属于这一类实训仿真类型。

（3）管理模拟：计算机模拟在管理领域中的应用对学生在管理决策方面的能力和素质的培养非常有帮助。

【任务实现】

4.5.1 认识信息化仿真/模拟教学法的实施

在出现教学上的困境之后，该校投资2万多元，建立了模拟实习室，采用模拟教学，学生先在模拟实习室对所学数控车床的操作进行模拟操作，对零件编程和数控车床系统全面掌握，并排除错误操作后再下车间真正操作。学生经过模拟练习再到机床上操作时信心足、上手快、操作失误率极小，且学习技能扎实，缩短了培训时间，提高了学习效率，收到了较好的实训效果。

用计算机模拟仿真进行数控实习教学，可以在设备不足和实习经费不足的情况下起一定的弥补作用。比起真实的数控机床，计算机模拟的投资只有1/10，而且安全，允许出错，即使学生误操作，也不会有人身危险或损坏机床。学生的实操过程和编程指令以及走刀路线都能在模拟实习中体现出来，学生可以直观地看到自己的加工工艺和加工方法是否正确。教师还可以"设置"各种实际工作中可能发生的变化和情况，使实训更接近生产的真实过程。高职学校可以用该模拟设备让学生先"练手"，达到一定的熟练程度后再上真机床操作。

需要特别提出的是，仿真/模拟教学法也不是没有缺点的，它的原理仍然是通过计算机软件来模拟真实设备。模拟设备毕竟不能完全代替真实设备。真实设备在操作过程中的氛围也是仿真/模拟设备无法营造的，比如：仿真/模拟设备就无法模拟机床运作异常时的声音和震动等因素，学生无法感受机械本身的偏差，也无法实训机械故障的排除，就这一点来说用信息化的仿真/模拟教学法还是无法完全真实还原上岗的实际操作。但是必须确认的是，在设备紧缺，实训条件不佳的情况下，采用这种教学法能很好地缓解实训教学的压力，从一定程度上解决了教学困难。

4.5.2　信息化仿真/模拟教学法的优点

在职业教育中,信息化仿真/模拟教学的优势主要有:

节约成本,占地少,小投资高回报;

维护简单,更新方便;

使用灵活,利用学生自主学习;

资源丰富,网络提供各种素材资源;

适用面广,提高设备利用效率;

提高学习效率;

保障实验安全。

信息化仿真/模拟教学是具有综合作用的一种教学方法,通过各种仿真/模拟软件或者虚拟现实技术(VR)等,让学生置身于仿真环境中,可以充分调动感觉、运动和思维,极大地提高学习效率。曾经有教学心理学家对这种教学法和传统教学法进行了比较试验,结果表明在采用信息化仿真/模拟教学方法授课的情况下,学生可以记忆约 70% 的内容,而传统的"教师讲,学生听"教学方式下,学生只能记忆约 30% 的内容,此外,这种教学方法可以供学生在没有教师参与的情况下开展自学,并反复试验自行设计的实验方案,极大地提高了学生的学习能动性。

【任务小结】

通过选择信息化仿真/模拟教学法这个任务,主要认识和理解了该教学法的内涵、实施步骤和优点。

信息化仿真模拟教学就是利用实物或电脑创设各种虚拟环境来模拟真实环境,并根据真实环境中的理论和实际操作情况在虚拟的环境中进行操作、验证、设计、运行等的一种教学方式。仿真模拟教学经常被运用于实验和实训课程的教学。这种教学法的优势在于通过计算机和模拟仿真软件的技术支持,可以实现模拟真实工作过程

信息技术发展迅猛,数字化教学资源越来越丰富,信息化教学环境不断升级,采用合适的信息化教学方法是教学实施的必要环节。因此,充分认识和理解信息化仿真/模拟教学法的特点和实施步骤,发挥其优势,合理运用该方法,培养学生合作、解决问题等综合能力,能有效提高教学效果。

任务4.6　选择信息化参与式教学法

【任务描述】

高老师是某高职院校招生就业处的老师,分管学生工作之余,她也承担了全校公共课《大学生创新创业》的一部分教学工作。这门课程在全校所有专业中均有开设,课程的目的是通过教学培养大学生的职业发展能力,不论是已经开始创业的大学生,还是大量需要接受创业教育,还不准备创业的大学生。"大学生创新创业"课程的教学主要围绕大学生创业过程中需要具备的各种技能进行实战训练,具体包括寻找创业方向、组建创业团队、编制创业计划、

准备创业路演、筹备创业公司、规划创业模式、培养创业需要的创新思维等方面的知识。可以说，这门课程的特点是以实战为主，强调学生的参与和实际创业能力的提高。

高老师为了加强学生在教学过程中的参与程度，使学生能深刻地领会和掌握各种创业知识，并将这些知识运用到实践中，她决定采用信息化参与式教学方法，希望通过这种教学方法的实施来提高学生分析问题、解决问题的实际应用能力，培养学生的团队协作精神。

首先，我们一起来了解关于参与式教学法的内涵与特点。

【任务资讯】

参与式教学是教师按照参与式方法的要求和途径，依据教学内容、教学目的和学生特点，以学生容易接受、便于参与的方式组织课堂教学，使学生通过亲身参与、亲自操作掌握教学内容的方法。参与式教学法是一种合作式或协作式的教学方法，这种方法以学习者为中心，充分应用灵活多样、直观形象的教学手段，鼓励学习者积极参与教学过程，成为其中的积极分子，加强教学者与学习者之间以及学习者与学习者之间的信息交流和反馈，使学习者能深刻地领会和掌握所学知识，并能将这种知识运用到实践中。参与式教学方法不是一个公式，所以体现的形式也是多种多样的，其核心的要义就是能促进学习者参与到教学过程中就行。它注重提高学生分析问题、解决问题的实际应用能力，培养学生的团队协作精神。概括起来，参与式教学的理念包括：

（1）以学生为中心，即以学生的需要为中心，以学生的接受能力为中心，以学生成长为中心。

（2）相信并尊重学生的经验和能力。

（3）应该赋予学生适当的学习动机，发挥他们的主观能动性，而不是要求他们一定做什么、必须做什么，要去激发他们，让他们根据自己的意愿主动愿意选择如此做，把"要我学"变成"我要学"。

（4）体验式学习、互动式学习。目前，随着信息化技术在教育领域的深入融合，利用信息化手段和方式，实现体验式学习和互动式学习已经是非常容易和常见的了。

（5）没有应用就没有真正意义上的学习；没有学习就没有真正意义上的教育。对于高职院校这类强调动手实践能力培养的学校，在教学过程中关注学生对知识的实际应用更是放在了教学的首位。

信息化参与式教学法就是将信息化手段和信息化元素充分应用到参与式教学的各个环节中，以达到最佳教学效果的教学方法。

【任务实现】

信息化参与式教学方法可以应用于日常传统教学的任何一个环节中，在倡导学生参与的指导思想下，参与式的方式和途径也是多种多样的。下面，我们主要介绍三种常见的参与式方式。

4.6.1　认识信息化参与式教学方法

1. 重视引导，启发学生思考

根据教学班级的实际人数，综合考虑《大学生创新创业》课程一次课的教学内容，首先把全体学生随机地分为若干个小组，采用全班集体活动的方式进行教学活动。在教学活动过程中，要重视引导学生进行自主思考，可以使用角色扮演等方式来设置活动人物，让学生将自己融入到人设中，去设身处地地思考各种问题的解决方案。但是要特别指出的是，参与式教学虽然有别于传统的注入式教学，但就算提倡学生进行参与，其前提还是老师要先对本次课的内容所需要使用到的概念、原理和方法进行专门针对性的讲解，不要一上来就让学生进行参与式教学，这样会造成学生的困惑，就像小孩走路跑步一样，如果最初没有学会走路，而直接要求小孩跑步，这对他们来说，不是一种学习，而是一种折磨。比如：在讲解如何编制创业计划一课中，老师要先正确地阐述编制创业计划书所需要具备的几个书写要素、创业计划书中应该要描述清楚的几类信息等。当然，在讲授了最基本的理论知识后，老师可以引导学生开动脑筋，做到将创业计划书编得更有特点、考虑问题的角度更加独特、积极探索其他的可能性方案，使学生能对问题进行主动独立的思考。

而在这一引导环节中，为了让学生充分地发挥想象和启发思考，教师要充分考虑运用现有的信息化手段或者技术，帮助学生进行思考活动。

2. 精心组织课堂讨论

课堂讨论是学生直接参与教学的一种直接方式，而且这种方式是最好组织的，而在信息化参与式教学中，可以将信息化技术充分引入到课堂讨论这一环节。

通常常见的方法有让学生发言、分组讨论和辩论等。首先由老师拟定一个创业计划书的想法，然后让学生用课外时间去通过各种途径来查阅相关资料进行编写（在这个过程中，可以尽可能地利用信息化的手段来获取学习资源），让学生在精心准备的基础上对各自的计划进行介绍，有理有据地发表自己所编写计划书的构想、依据以及具体实施步骤，最后老师要对学生的计划进行评议，而在评议过程中，老师要尽可能把握好的原则是多肯定学生的一些新构思、新亮点，对计划中存在的一些不正确的观点要进行适当的引导，帮助引导学生进行思考，明白计划书中存在的问题以便后续对计划书再进行优化。这样一轮下来，除了能提高学生的口头表达能力外，还活跃了学生的思维，提高了学生分析、解决问题的能力。对于如何着手编写创业计划书以及编写的流程也有了深入、实际的体验。

3. 认真指导学生"辅讲"

"辅讲"是在老师的指导下，由学生当"老师"来讲解一部分教学内容的方式。老师可以选择比较简单的问题交给学生来讲。学生在课余做好充分的课前准备，编写相适宜的教案，可以是每个学生都进行辅讲，也可以以小组为单位，派代表进行辅讲，具体的情况可以根据实际开课的课时以及知识点的难易程度而定。通常辅讲的时间控制在 10 分钟左右，要考虑余留时间让其他同学或其他小组进行评议，最后老师总结，并在学生辅讲的基础上进一步精讲教学内容，使学生对内容有进一步的升华学习。

"辅讲"可以诱发学生思考深层次问题，并对问题进行系统化的归纳，学生不仅能从中学到知识，更重要的是这种师生角色的互换真正体现了学生的主体地位，学生的自尊得到了充分体现，学生自然会愿意学、学得会和喜欢学。

通过借助信息化手段开展的信息化参与式教学，学生参与课堂教学的积极性、参与的深度与广度，直接影响着课堂教学的效果，没有学生的主动参与，就没有成功的课堂教学，没有参与，即使学生被动地接受了再多的理论也不能把所学的知识灵活运用于实践应用中。

4.6.2 信息化参与式教学方法的注意事项

使用信息化参与式教学方法开展教学的过程中，常常会不自觉地又回到传统的注入式教学。因为大多数的信息化参与式教学方法仍然采用以课堂为实施教学的主要场所，而信息化元素的使用大多体现在教学硬件条件(例如：双板、多媒体等媒介上)或者丰富的教学资源(例如：幕课、微课等)上。所以老师们在教室采用这种信息化参与式教学方法时，容易不自觉地又回到授课式的教学中。因此，在用信息化参与式教学方法进行教学的过程中，要尽可能地采取一些措施或者手段来避免这种情况的出现，以促使信息化参与式教学方法能取得较好的效果。

课堂的教学设施和教学手段必须以能否最大限度地调动学生参与为转移。在教学过程中，参与式教学法仍然是以课堂为实施教学的主要场所。但是，老师可以尽可能地利用现有的教室环境和设施，最大限度地调动学生参与教学活动的积极性。例如：教室四周可以作为展示板使用，将各小组或个人的创业计划书贴在展示板中，方便同学之间互相分享和评议，可以尽可能地在教室的各个部位展示活动结果。课桌的摆放要少而紧凑，这样可以营造出一种积极参与、热烈讨论的氛围。既便于面对面的活动与讨论，也便于学生、老师之间的交流，信息的传递。

要扩大课堂的外延。扩大课堂的外延，主要是指要尽可能让学生在更大范围内参与教学全过程。通俗点说，就是老师要尽可能地为学生创造各种机会和条件来把课堂上所学的知识运用到社会实践当中。比如：在校内学习完后，老师带学生下现场见习，这就是高职院校中常用的一种方式，这就是属于参与式教学法中扩大课堂外延的一种表现形式。

在整个信息化参与式教学方法的实施过程中，老师需要从总体上把握教学的节奏、形式、进度等，确定总体的教学目标，又要设身处地考虑到学生的接受能力和已有的知识储备。

老师要组织每个小组的活动，并且十分清楚每个小组制定计划的分工、思路和过程，在每个小组编制计划的过程中，当出现问题或者偏差时，要能及时地给予纠正、发出指令，帮助参与编制的小组顺利完成工作。这就要求老师要细致入微地了解每个小组的计划安排和考虑，在对小组进行帮助的过程中，还不能直接指出其不正确的地方，而是给小组以暗示或引导，通过老师的这种引导式的帮助，来帮助小组掌握计划书的编制。

可以说，老师在这个过程中既要是一位训练有素的组织者，又要是一位胸有成竹的指挥家，更要是一位创造者、发明者。他能预测活动的结果，左右活动的方向，而又不让学生觉得自己是在被动地接受知识。

🖊【任务·小·结】

通过选择信息化参与式教学法这个任务，主要认识和理解了该教学法的内涵、实施途径和注意事项。

　　信息化参与式教学法是一种合作式或协作式的教学方法，这种方法以学习者为中心，充分应用灵活多样、直观形象的教学手段，鼓励学习者积极参与教学过程，成为其中的积极分子，加强教学者与学习者之间以及学习者与学习者之间的信息交流和反馈，使学习者能深刻地领会和掌握所学知识，并能将这种知识运用到实践中。核心的要义就是能促进学习者参与到教学过程中就行。它注重提高学生分析问题、解决问题的实际应用能力，培养学生的团队协作精神。

　　信息技术发展迅猛，数字化教学资源越来越丰富，信息化教学环境不断升级，采用合适的信息化教学方法是教学实施的必要环节。因此，充分认识和理解信息化参与式教学法的特点和实施途径，发挥其优势，合理运用该方法，培养学生合作、解决问题等综合能力，能有效提高教学效果。

【本章·小·结】

　　教学方法是教学过程中教师与学生为实现教学目的和教学任务要求，在教学活动中所采取的行为方式的总称。教学方法体现了特定的教育和教学价值观念，它指向实现特定的教学目的要求，在教学过程中，采用何种教学方法开展教学是受到特定的教学内容的制约的，同时教学方法还受到具体的教学组织形式和影响的制约。信息化教学方法则是随着信息化技术和手段的不断丰富而产生的，它既扎根于理论教学方法的土壤，同时又充分地使用了现代信息技术作为辅助手段，使采用了信息化教学方法的课堂，教学效果更佳，教学质量更高。

　　信息化教学方法也分成多种，在本章中，我们重点介绍了：信息化案例教学法、信息化任务驱动教学法、信息化项目教学法、混合式教学法、信息化仿真/模拟教学法、信息化参与式教学法。

　　信息化案例教学法是将信息化手段和信息化元素充分应用到案例教学的各个环节，以达到最佳教学效果的教学方法。通常，在案例教学过程的各个环节中，我们常使用的信息化手段有投影仪、双板、视频、动画、多媒体计算机等。使用这种教学方法可以大大提高学生的课堂参与度和学习积极性。

　　信息化任务驱动教学法则是将信息化手段和信息化元素应用于任务驱动教学的各个环节中，以此达到最佳教学效果的一种信息化教学法方法。

　　项目教学法是师生通过共同实施一个完整的项目工作而进行的教学活动。在项目教学中，学习过程成为一个人人参与的创造实践活动，注重的不是最终的结果，而是完成项目的过程。学生能在项目实践过程中，理解和把握课程要求的知识和技能，体验创新的艰辛与乐趣，培养分析问题和解决问题的思想和方法。信息化项目教学法就是将信息化手段和信息化元素充分应用到项目教学的各个环节中，以达到最佳教学效果的教学方法。

　　混合式教学法的思想是将传统课堂教学与现代网络教学相融合，在教学过程中根据教学内容、教学环节，有选择性地选取要使用的教学形式，以此达到线上线下混合教学的目的。

　　仿真模拟教学经常被运用于实验和实训课程的教学。这种教学法的优势在于通过计算机和模拟仿真软件的技术支持，可以实现模拟真实工作过程。

　　参与式教学是教师按照参与式方法的要求和途径，依据教学内容、教学目的和学生特点，以学生容易接受、便于参与的方式组织课堂教学，使学生通过亲身参与、亲自操作掌握教学内容的方法。信息化参与式教学法就是将信息化手段和信息化元素充分应用到参与式教学的各个环节中，以达到最佳教学效果的教学方法。

信息化的教学方法种类繁多，特色各异。在每个教学方法的小节中，我们都专门介绍了该方法的适用条件、优缺点。作为一名职业院校的老师，在教学过程中，要能根据自己所教授课程的内容、特点来选取合适的信息化教学方法，这样才能达到较好的教学效果。

【思考与探索】

1. 信息化案例教学法适合用于具有哪些特点的课程教学中？

2. 信息化案例教学法的实施步骤有哪些？

3. 请结合自己的教学工作，选取所授课程中合适的知识点，试着采用信息化案例教学法进行一到两次课的教学设计。

4. 信息化任务驱动教学法适合用于具有哪些特点的课程教学中？

5. 信息化任务驱动教学法的实施步骤有哪些？

6. 请结合自己的教学工作，选取所授课程中合适的知识点，试着采用信息化任务驱动教学法进行一到两次课的教学设计。

7. 信息化项目教学法适合用于具有哪些特点的课程教学中？

8. 混合式教学法适用于具有哪些特点的课程教学中？

9. 请结合自己的教学工作，选取所授课程中合适的知识点，试着采用混合式教学法进行一到两次课的教学设计。

10. 信息化仿真/模拟教学法适合用于具有哪些特点的课程教学中

11. 请结合自己的教学工作，选取所授课程中合适的知识点，试着采用信息化参与式教学方法进行一到两次课的教学设计。

12. 请谈谈你对信息化参与式教学方法的理解。

第 5 章

解析信息化教学过程

【教学情境】

　　教育信息化进入了 2.0 时代，教学环境从传统的媒体教学升级到"互联网＋"和"人工智能＋"的现代化教学环境，教学资源从传统的纸质教材、习题集升级到数字化网络资源，教学手段从传统的挂图升级到网络在线平台，传统教学活动和教学管理从人工管理升级到平台化、软件化和大数据分析等。信息技术与教育教学的深度融合使我们的教学过程发生了根本性的变化。老师必须充分认识信息化技术迅猛发展给我们教学带来的重大变革，才能根据课程教学特点，充分发挥信息化技术的作用，合理设计教学过程、制定信息化教学实施方案，有效开展教学评价，增强课堂竞争力，提高教学效果。

【解决方案】

　　作为一个职业院校的老师，利用信息化技术进行信息化教学设计、实施，开展信息化教学评价是一个职业院校的老师必备的技能。为更好地掌握该项技能，首先，我们要认识信息化教学设计、信息化教学实施和信息化教学评价，了解他们的设计流程和设计原则。其次，要根据课程内容特点和教学需求，优化信息化设计、进行信息化教学实施和开展信息化教学评价如图 5 – 1 – 1。

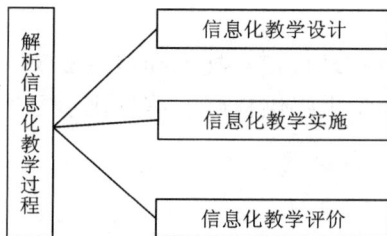

图 5 – 1 – 1　解析信息化教学过程任务分解图

【能力目标】

　　知识目标：能够运用信息技术，根据教学目标、重点、难点以及准备的教学资源，进行信息化教学，设计制定出合适的信息化教学实施方案，开展信息化教学评价。

技能目标：能够根据所教课程需要，运用信息化手段获取、使用信息化教学资源，进行信息化教学设计、实施和评价。

素养目标：具有良好信息化教学管理素养，能够根据教学需要，主动进行信息化教学设计、实施和评价。

任务5.1 信息化教学设计

【任务描述】

随着网络与信息技术在教育行业的广泛应用和信息技术与教学过程的深度融合，信息化教学设计在职业院校教学中的作用日益提高。改变传统教学模式，让知识的讲授更加形象化，让学生的学习更加自主化，让教师和学生在教学过程中紧密结合，是今后职业教育的努力方向。

李老师热爱职业教育，希望通过学习新技术新的教学理念和教学实践来提高自己的信息化教学水平。

要创新教育方式与学生学习方式的变革，提高信息化教学水平，教师需要掌握信息化教学设计的要素和方法。

【任务资讯】

1. 教学设计

教学设计是以促进学习者的学习为根本目的，依据教学理论、学习理论和传播理论，运用系统科学的方法，对教学目标、教学内容、教学媒体、教学策略、教学评价等教学要素和教学环节进行分析、计划并做出具体安排的过程。

2. 信息化教学设计

信息化教学设计包含了信息化教学和教学设计两个概念。

信息化教学是以现代教学理念为指导，以信息技术为支持，应用现代教学方法的教学。

信息化教学设计就是充分利用现代信息技术和信息资源，科学安排教学过程的各个环节和要素，为学生提供良好的信息化学习条件，实现教学过程全优化的系统方法。

信息化教学设计

3. 信息化教学设计原则

以学为中心，注重学生学习能力的培养；充分利用各种信息资源来支持学习；以"任务驱动"和"问题解决"作为学习和研究活动的主线；强调个性化的学习；强调针对学习过程和学习资源的评价。

4.信息化教学设计要素

信息化设计要素包括：教学分析、教学模式与策略的选择、教学资源的架构、学习任务与学习情景的设计、教学过程设计、教学评价的设计和教学反思。

【任务实现】

5.1.1　教学分析

教学分析包括三个方面：教学对象分析、教学内容分析和教学目标分析。

1.教学对象分析

在信息化教学设计中，学生是教学的主体，对学生的分析应从学生特征和已有知识两个方面进行。学生特征包括：认知成熟度、认知风格、学习方法、人际交往等。

对已有知识的分析可以了解学生学习前的知识水平和技能水平，以此预测他们未来的学习情况，为教学设计提供必要依据。

2.教学内容分析

教学内容分析，就是结合课程标准来分析教学单元。通过对教学内容的分析确定教学重点、难点和关键点，并设法用信息化手段解决这"三点"。

3.教学目标分析

教学目标是教学活动的"第一要素"，是整个教学过程的指挥棒。教师要通过教学内容的分析，结合岗位能力培养需求确定教学目标。教学目标包括知识目标、能力目标和情感目标。

5.1.2　教学模式与策略的选择

1.教学模式

传统的课堂教学模式是以老师为中心、以书本为中心和以课堂为中心，学生在整个教学过程中都始终处于被动接受知识的地位，这种模式担负不了培养高素质的创造性人才的重担。

信息化教学模式就是以学生为中心，并充分利用现代教育技术，调动尽可能多的教学媒体、信息资源，来构建一个良好的学习环境的教学方式。在教师的组织和指导下，可以充分发挥学生的主动性、积极性、创造性，使学生真正成为知识信息的主动建构者，达到良好的教学效果。

三种主要信息化教学模式：

（1）引导——发现教学模式

该模式适用于认知领域的教学目标，以问题解决为中心，注重学生的独立活动，有利于学生的探究能力和创造性思维能力的培养，需要学生具有一定的先行经验的储备。

（2）抛锚式教学模式

该模式要求在多样化的现实生活情境或者虚拟的情境中，运用情境化教学技术来促进学生反思，提高他们知识迁移的能力和解决复杂问题的能力。

（3）随机进入教学模式

该模式就是学生可以随意通过不同途径、不同方式进入同样教学内容的学习，从而获得对同一事物或同一问题的多方面的认识与理解。

2. 教学策略

教学策略是在不同的教学条件下，为达到不同的教学结果所采用的方式、方法、媒体的总和。

教学方法、教学手段是教学策略的具体化。

教学方法包括教师教的方法和学生学的方法两个部分，这两个部分一起才是教授方法和学习方法的统一。

基于信息化技术实施的教学方法有案例教学法、任务驱动教学法、项目教学法、仿真/模拟教学法和混合式教学法等。

根据不同的教学条件可以选用不同的教学策略。针对一种教学情境，可采用与教学策略相对应的多种教学方法。

（1）自主学习策略

自主学习策略的核心是要发挥学生学习的主动性、积极性，充分体现学生的认知主体作用，其着眼点是如何帮助学生"学"。

可以借助课程网站、设计不同的教学案例、录制不同层次的视频满足不同层次的学生需求，并且利用多媒体教学系统帮助学生根据自身特点进行自主学习。

（2）协作学习策略

协作学习是指以一种小组或团队的形式，组织学生协作完成某种既定的学习任务。

将不同层次的同学放在同一组内，进行合理搭配，在课堂中通过以问题为主导，积极引导学生思考，合理利用各种信息资源的形式，将课堂还给学生，实现学生间的优势互补，培养学生的团队精神。

在教学中，可以采用角色扮演、讨论、竞争、协同、伙伴等教学策略来完成学习任务。

5.1.3　教学资源、学习任务与情景的设计

1. 教学资源架构

在教学中使用信息化教学资源，可以缩短学生的学习时间，增强学生的学习兴趣，提高教学效果，促进师生共同发展。

在教学中，要根据单元教学的具体内容选择相应的教学资源。

信息化教学资源主要包括下列三大类型：

（1）素材类教学资源，包括文本、图形/图像、音频、视频和动画等媒体素材。

（2）集成型教学资源，如教学课件。

（3）网络课程。

教学资源获取途径：一是教师自己亲自动手制作，二是通过各种渠道购买、收集或加工别人的教学资源。现在教师主要通过互联网收集教学资源。

2. 学习任务设计

学习任务可以是一个问题、一个案例分析、一个项目研究或是一个观点分歧。

任务设计一般应明确要求，注重渗透方法，培养学生能力。

任务既要接近学生现有的能力，又要保证更多的学生有成就感，同时还要安排一些具有挑战性的任务，以满足高水平学生的学习需要。

教师可根据具体情况，把一些任务在课前预先布置，鼓励学生利用课余时间去探究，以提高教学效率。

3. 学习情境设计

信息化教学设计中的学习情境设计就是依据学情分析和教学目标，将教学内容安排在信息技术和信息资源支持的比较真实或接近真实的活动中，从而最大限度地提高课堂的教学效果。

学习情景包括问题情境、故事情景、协作情境和模拟实验情景。

问题情景要真实和具有悬疑性，能够引发认知冲突，激发思维碰撞，能够培养学生的创新能力；故事情景要具有生动性和感染力，要尽可能多地刺激学生的视觉、听觉感官，唤起学生对学习主题的联想与兴趣，进而达到对知识深刻的理解和掌握；协作情境要具有整体性和交互性，能够使学生与老师、学生与学生之间在线及时互动交流，从而使学生理解和掌握新的知识，培养学生的团队精神；模拟实验情景要具有真实性和直观性，能够解决实验条件不足带来的困惑，使学生获得身临其境的感受，可以针对存在的问题进行反复的操作训练，提高学习效率。

5.1.4　教学过程设计

教学过程指教学活动的展开过程，是指以师生相互作用的形式进行的，以学生为主体，以教师为主导，以教材为主要认识对象的，实现教学、教育和发展三大功能和谐统一目标的特殊的认识和实践活动过程。

教学过程即通常所说的教学流程，明确"按什么顺序教"。它可以直观地显示整个课堂活动中各个要素之间的关系和比重；可以简洁地呈现教学中的重点和难点；也可以较好地反映出教师教学过程设计的逻辑性、层次性。

教师的教学过程的设计水平直接决定了学生的学习效果和课堂教学的效果。

5.1.5　教学评价的设计

教学评价是以教学目标为依据，按照科学的标准，运用一切有效的技术手段，对教学过程及结果进行测量，并给予价值判断的过程。

依据一体化系统理论，教学设计应包含评价设计。评价活动是伴随着教学活动同步向前推进的。教学评价有诊断性评价、形成性评价、总结性评价。

教学评价要明确"谁来评、评什么、怎么评"。

教师在进行教学评价时，要结合自己的教学目标、教学内容和学生的学习环境以及学生的个体差异等设计适合自己的教学和学生学习的评价工具，制定切实可行的评价标准。

5.1.6　教学反思

教学反思，是指教师对教育教学实践的再认识、再思考，并以此来总结经验教训，进一步提高教育教学水平。教学反思就是回顾教学—分析得失—查出原因—寻求对策—以利后行的过程。

根据教学评价形成教学反思，看看"教得怎么样，学得怎么样"，获取对教学设计方案修改的信息，通过调控使教学设计方案更趋于完善。

5.1.7　教学单元信息化教学设计模板

在信息化教学设计过程中，教师要根据信息化教学设计要素及原则组织相关内容，制定出合理的信息化教学设计文档。表 5 - 1 - 1 的模板仅供参考。

表 5 - 1 - 1　"×××"教学单元信息化教学设计

教学单元名称					
课程名称		授课时数		授课老师	
授课班级		授课时间		授课地点	
所选教材					
一、学情分析（学习者特征分析）					
二、教学目标与内容（教学目标、教学内容、重点和难点）					
1. 教学目标					
知识目标					
技能目标					
态度目标					
2. 教学内容					
3. 重点和难点					
重点					
难点					
三、教学资源					

序号	资源名称	设计意图 1
2		
3		
4		

续上表

四、教学方法与教学手段		
序号	教学方法/教学手段	设计意图 1
2		
3		
4		

五、教学过程
1. 教学结构流程的设计(图文方式简要说明整体设计思路)

2. 教学环节设计(以任务驱动法为例)					
教学环节	教学内容	教师活动	学生活动	教学资源/教学手段	时长
6S 活动					
任务描述					
任务描述					
任务实施					
任务小结					
任务拓展					

续上表

六、教学评价
1.学习评价表

评价项目	评价标准	权重	备注

2.教学反思

【任务·小·结】

通过学习信息化教学设计这个任务，主要认识和理解了信息化教学设计的七大要素：教学分析、教学模式与策略的选择、教学资源的架构、学习任务与学习情景的设计、教学过程设计、教学评价的设计和教学反思，以及如何运用这七大要素进行信息化教学设计。

信息化教学设计是开展信息化教学活动的关键环节，是组织教学活动的基础，我们要充分认识到信息化教学设计的重要性，并根据教学内容和要求进行设计。因此，充分理解信息化教学设计的七大要素，掌握信息化教学设计的方法及流程，就能够根据教学目标、重点、难点以及准备的教学资源，制定出合适的信息化教学设计方案。

任务5.2　信息化教学实施

【任务描述】

信息化教学明确以学生为中心，强调情境创设和协作学习，强调信息化环境的建设，强调信息技术与数字资源的合理和有效运用，强调教学活动科学的组织与实施。

青年教师李老师，通过培训掌握了信息化教学设计的基本原则、方法及流程，并且根据教学要求制定出了所任教课程的信息化教学设计文档，准备按照教学实施方案开展课堂教学。

在信息化教学实施过程中，教师信息化教学能力是关键，信息化教学环境是基础，信息化教学资源是支撑，通过有效利用信息化手段的教学实施达到教学目标是目的。

【任务资讯】

1. 信息化教学

信息化教学就是在信息化环境中，教育者与学习者借助现代教育媒体，将教育信息资源和教育技术方法结合起来进行的双边活动；它是以现代教学理念为指导，以信息技术为支持，应用现代教学方法的教学。

2. 信息化教学能力

信息化教学能力是指教师在信息化教学环境下，以现代教学理论为指导，运用现代技术手段，开发、利用信息资源，进行教学设计、解决教学问题和完成教学任务的一种能力。

3. 信息化教学环境

信息化教学环境是指为课堂教学活动提供信息和信息技术服务的教学设施、教学场所，是支撑信息化教学全过程的硬件、软件环境的集合。

4. 教学活动组织与实施

教学活动组织与实施是指为实现教学目标，教师组织引导学生主动作用于教学内容，教师和学生之间开展的一系列有组织、有计划、相互作用的学习活动的总过程。

信息化教学实施

【任务实现】

5.2.1　了解信息化教学实施的内涵

关于信息化教学，南京师大张一春教授曾这样定义，称它为"以现代教学理念为指导，以信息技术为支持，应用现代教学方法的教学模式"。也就是说，信息技术是支持课堂实施的手段，教师在实施教学环节的过程中，要有效合理地进行选择和应用，避免为了信息化而信息化的情况。参考"教育信息化'十三五'规划"中对教育信息化的要求和描述得出信息化教学有效合理的选择与应用在教学实施上主要可以实现以下四个方面，目的是更有效地达成教学目标，为教学服务。

1.教学数据信息化

信息化教学实施最大的特点之一就是利用大数据、云计算等信息化手段，准确、快速、有效地收集并计算数据，并可以帮助教师轻松实现过程性考核，把老师从繁重的批改、统分和对平时成绩的记录与收集等劳动中解放出来，及时了解学生的学习效果、学习态度等数据，并根据计算结果及时调整教学策略从而进行更有针对性的个性化教学。

2.教学资源信息化

信息化教学实施的首要目的就是帮助教师有效达成教学目标，解决传统教学中"看不见、摸不到、进不去、难再现"的教学难题，使教师通过信息化教学实施轻松解决教学重点，突破教学难点。教师根据教学内容建设一系列的微课、视频、动画、课件、电子教材等教学资源，并应用在教学实施中，有效解决重难点问题的同时，也提高了学生的信息素养和自学能力，学生可以在课前利用教学资源自主学习该部分内容，使上课时间更有效率，也可以在没有充分掌握课堂内容的时候，反复使用这些资源进行学习和复习，教师还可以利用教学资源进行分层教学等。

3.教学模式信息化

信息化手段的应用除了可以进行及时的数据处理、重难点的解决外，还可以实现更为有效、符合新时代职业教育特点的教学模式，如远程协作、实时互动、翻转课堂、移动学习等信息化教学模式。以翻转课堂为例，课前理论学习部分学生可以利用建设的教学信息化资源学习理论部分，对于难以理解的部分，反复学习、反复观看，还可以利用信息化教学平台和老师及企业导师进行咨询和沟通，以达到课前自主学习的最佳效果，课上教师可以利用软件和平台或理实一体化的教学环境来进行有针对性的练习与训练，以达到更好的应用效果，课下还可以通过信息技术训练、咨询实现跟踪辅导等，提升教学效率，提高教学效果，提高学生的自主学习能力。

4.教学互动信息化

能够激发学生的学习积极性，有效互动、轻松愉快、积极向上的教学氛围，是信息化教学实施的重要组成部分，教师可以利用信息化教学平台设计公平合理的激励机制，使优秀的学生更活跃，习惯沉默的学生更向往优秀。如课堂上利用信息化教学平台进行抢答、随机抽等方式激发学生的学习积极性，利用自创的游戏软件或 APP 在巩固所学的同时提高学生的积极性，或经过其他的信息化课堂互动组织形式来达到良好的课堂效果。

5.2.2　完善信息化教学环境

信息化教学环境，是指以信息技术和信息设备为主要手段建立起来的，主要为教学活动提供信息和信息技术服务的教学场所、教学设施和氛围等，是以信息为主要特征的现代化教学环境系统。

信息化教学环境建设包括硬件环境建设和软件环境建设。

硬件环境建设包括：校园网络、多媒体教室、录播室等教学场所的建设以及教师机、学生机、投影仪、电子白板、中控台等教学设备的投资。

软件环境建设主要指：网络教学平台、专业教学软件和通用教学软件的投资。

信息化教学环境建设时，要加大投入，统一规划，合理安排。加强软件、硬件建设的同时也要加强教学平台和仿真教学软件的开发建设，真正使教学环境满足信息化教学需要。

5.2.3 建设信息化教学资源

在课堂教学中，运用信息化教学资源，以达成教学目标为目的，以实现先进的教学模式条件，有效解决重难点为根本，以全面提升教师的教学能力和学生的学习能力为关键，将知识以最恰当的方式传授给学生，实现教学方式的变革，提升课堂教学效率。

为建立有效的信息化教学资源，教师要认真研究行业标准、人才培养方案，依据岗位需求和人才培养方案的要求设计好信息化教学资源的建设思路，必要时还需联合企业共同进行建设。除此之外，教师还要不断收集和整理相关资料，学习微课制作、简单教学动画制作、慕课系列资源建设等资源建设方法和使用方法，打造出优质的信息化教学资源库，从而为教学服务。

教师在使用资源时，要根据教学目标、学习情境和教学活动选取合适的教学资源，并按照教学实施环节的设计有效地、有逻辑地组织教学资源。

5.2.4 规划教学活动组织与实施

教学活动组织与实施的构成要素包括：学生、教师、教学目标、教学内容、教学方法、教学环境、教学反馈等。教学活动组织与实施是指教学系统的各个要素以一定的教学程序联结起来，以确保教学活动的顺利开展，教学目标的圆满实现。

信息化教学活动的组织与实施的指导思想是以"学生为中心"的建构主义思想，鼓励学生自主学习并提倡以小组为单位的小组协作式学习，并能结合先进的职业教育理念，实现"做中学、学中做"的教学设计思路(表5-2-1)。

表5-2-1

教学实施环节	信息化教学手段的应用	信息化教学手段解决的问题
课前	信息化教学平台(资源共享、下发任务单、答疑平台、测试、投票等功能) 微课 动画 电子教材 网络资源等	学生课前利用手机、pad、电脑等移动设备进行自主学习，实现学习的泛在性，也提高了学生的信息化素养 课前与老师、企业导师进行沟通 教师对学生的学情准确把握

续表 5－2－1

教学实施环节	信息化教学手段的应用	信息化教学手段解决的问题
课中	信息化教学平台（资源共享、课堂任务下发、举手、抢答、随机抽、投票、测试、成绩统计、直播等功能） 教学软件，如机械制图、医疗、设计制图、机器人编程等等 仿真模拟、AR、VR 等信息化手段 动画游戏，如"大富翁""老虎机""拼图""金牌挑战"等 微信、QQ 等	以小组为单位，完成学习任务 解决重点、突破难点 实现信息化教学模式 最大限度地调动学习者的主观能动性，促进教与学、教与教、学与学的全面互动，进一步提高教学质量和人才培养质量。 实现实时互动，远程协作 学生参与面大，全程体验式学习 过程性考核，数据及时处理
课后	信息化教学平台（资源共享、课后任务下发及成果上传、线上咨询讨论、投票、测试、成绩统计等功能） 小影、视频剪辑类 APP 思维导图 APP	分层教学，不同层次学生可以有不同的课后任务 反复观看微课等资源，做到熟练掌握知识要点 通过小影视频可以把课后实操类的任务拍照上传供教师检查 思维导图 APP 可以帮助学生进行知识的梳理 课后测试，可以检验学习效果，数据及时处理，老师学生查缺补漏

5.2.5　信息化教学实施要注意的几个方面

在信息化教学实施过程中，要做到以下几点：

（1）教学明确、有据，教学内容安排合理；

（2）突出学生主体地位，教学组织与教学方法得当，学生活动参与面广，突出学生主体地位，体现"做中教、做中学"；

（3）教学环节安排合理，教学多边活动流畅高效，有效提高学生学习兴趣与学习能力；

（4）针对教学内容和教学对象的特点合理、有效运用信息技术、手段与数字资源，信息化教学手段有效解决教学重难点问题，杜绝两张皮现象；

（5）针对学生评价和反馈及时调整教学实施；

（6）教师教学态度认真严谨、仪表端庄、语言规范、表达流畅、亲和力强。

5.2.6　全国职业院校信息化教学大赛优秀案例

表 5－2－2 是湖南铁路科技职业技术学院葛婷婷团队（葛婷婷、程刚和刘亚丽老师）2017年全国职业院校信息化教学大赛交通运输与机械制造类别一等奖、第一名团队的参赛教案。

表 5－2－2　"地铁单挡屏蔽门无法关闭故障应急处置"教案

学习任务	地铁单挡屏蔽门无法关闭故障应急处置	所属课程	城市轨道交通安全应急处置
授课时长	45 分钟	授课地点	理实一体化教室
授课对象	城市轨道交通运营管理专业 1603 班(××地铁现代学徒制订单班)		
使用教材	"十二五"职业教育国家规划教材《城市轨道交通应急处理》;《××地铁公司安全应急处置手册》		

学情分析

(1)学习目的。该班是××地铁在我校 16 级城轨运营管理专业中通过双向选择、考核后组建的现代学徒制订单培养班级,企业要求学生掌握一线站台岗的基本岗位技能,因此学生学习目的非常明确。

(2)学习态度。进入该班的学生对地铁工作都很有兴趣,认为自己所学的专业很有前途,对学校寄予了很高的期望,重视自己在校期间知识、能力、素质等方面的培养与提高,很多学生认为在校期间应结合本专业的特点积极学习掌握专业基本实践技能。

(3)学习焦虑。本课程是一门实践性较强的专业课程,学生对上岗之前无法到工作现场进行实际操作存在一些焦虑

设计思路

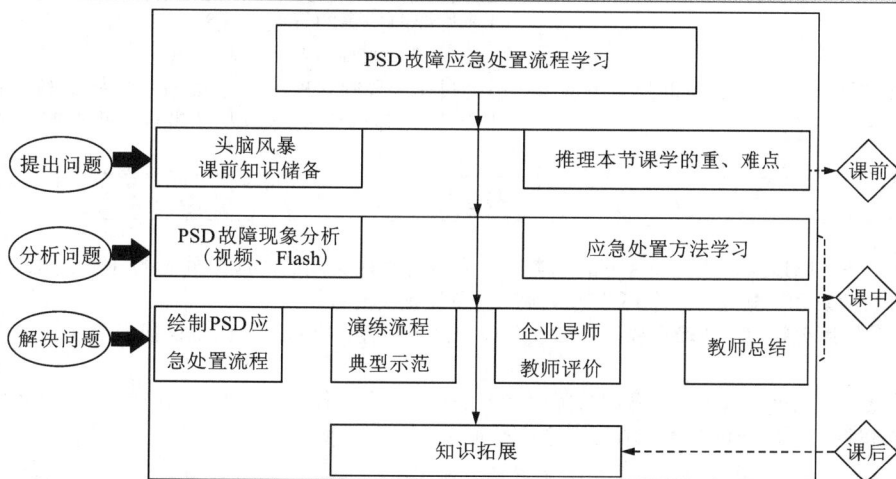

教学目标与内容

1. 教学目标

知识目标	掌握单挡屏蔽门无法关闭故障的常见类型及判断方法; 掌握单挡屏蔽门无法关闭故障发生时的应急处置方法; 掌握单挡屏蔽门无法关闭故障发生时的应急处置流程	
技能目标	能根据故障现象准确快速判断单挡屏蔽门无法关闭故障类型; 能根据故障类型确定发生此类故障时的应急处置方法; 能在此类故障发生时正确及时进行规范化的应急处置。	
素养目标	(1)提升故障应急处置规范操作意识; (2)提升地铁工作安全意识; (3)强化地铁岗位责任意识	

续表 5－2－2

2.教学内容
(1)判断单挡屏蔽门无法关闭故障类型； (2)分析单挡屏蔽门无法关闭故障时的应急处置办法； (3)实施发生单挡屏蔽门无法关闭故障处置时的应急处置流程

3.重点与难点

	内容描述	解决途径
重点	分析发生单挡屏蔽门无法关闭故障时的应急处置方法	(1)通过云平台的头脑风暴让学生分析三种故障的处置方法； (2)通过地铁单挡屏蔽门故障仿真设备操作微程序，让学生模拟操作故障处置中的核心设备 LCB 控制盒
	实施发生单挡屏蔽门无法关闭故障时的应急处置流程	通过屏蔽门无法关闭故障应急处置的一线作业教学视频，引导学生研讨，并利用网络制图工具绘制针对特定故障的处置流程，让学生分角色演练故障处置过程； (2)利用直播平台与即时通信工具将企业导师引入课堂，由企业导师在作业现场进行演示、指导和评价
	内容描述	解决途径
难点	根据故障现象快速判断故障类型	(1)通过课前搜集的屏蔽门无法关闭故障应急处置案例视频、新闻等多媒体资料了解故障现象； (2)通过企业导师在现场所拍摄的故障模拟教学视频，让学生熟知故障的常见类型及其表现，并掌握故障判断的方法

教学方法
(1)任务驱动法。以地铁企业现场常见的一类单挡屏蔽门无法关闭故障应急处置为任务，引导学生从判断故障、分析故障和实施处置三个环节达成故障应急处置技能目标。 (2)演示法。使用视频演示故障现象及一线实际应急处置作业，使用仿真设备操作微程序演示 LCB 盒的功能。 (3)角色扮演法。依据处置单挡屏蔽门故障时涉及的相关岗位，各车站小组分饰站务员、行车值班员、值班站长和司机四个岗位角色进行故障的应急处置演练

教学组织					
教学环节	教学内容	教学资源	双边活动		信息技术的运用
			学 生	教 师	
课前自主学习	(1)搜集屏蔽门无法关闭故障应急处置案例视频、新闻等多媒体资料，并上传云平台 (2)学习 LCB 控制盒的组成、功能及操作 (3)6 个车站小组分别制作汇报视频，并上传云平台	(1)课前任务单 (2)微课视频 (3)企业资料 (4)电子课件	(1)学习资源 (2)制作视频 (3)参与讨论、投票	(1)推送资源 (2)解答疑问 (双导师参与)	(1)课前学习资源云推送 (2)运用手机小影 APP 制作汇报视频

续表 5－2－2

自学总结	汇报展示(2分钟)： 由学生互评环节得票最高的小组展示汇报视频。 (桥东站、海山站、卓远站、庆康站、嘉昇站、锦钢站)	汇报视频	分享学习	评价	
	讨论分享(3分钟)： 课前云平台讨论区的典型问题及企业导师点评分享	答疑库	倾听记录	归纳提炼	运用云平台实现教师、企业导师与学生的实时互动交流
课中精讲训练	1.发布故障任务(1分钟) ×年×月×日13时52分左右，某地铁车站下行站台，×次列车待乘客上下车完毕后，准备关门驶离，但站台上第5挡屏蔽门的警示灯却一直异常闪烁	屏蔽门故障监控录像	接受任务	下达任务	运用企业导师提供的监控录像发布任务
任务实施	2、判断故障类型(7~8分钟) (1)给出屏蔽门正常开关门视频，引导学生掌握判断单挡屏蔽门无法关闭故障的方法 判断顺序：从外(站台侧)到里(轨行区)，从上到下 判断内容：屏蔽门状态、轨行区状态、门头灯状态、机电设备状态 (2)引导学生归纳企业现场常见的三种单挡屏蔽门无法关闭故障类型 类型1：夹人夹物，屏蔽门全开或半开状态，门头灯亮 类型2：异物阻挡，屏蔽门无法关闭锁紧，门头灯亮 类型3：设备故障，屏蔽门全开，门头灯亮 (3)完成任务视频中故障现象描述并作出判断	故障模拟教学视频	(1)观察故障现象 (2)抢答发言	(1)引导学生观察归纳 (2)根据学生反馈灵活调整	(1)运用企业导师制作的屏蔽门故障模拟微视频呈现故障现象 (2)运用云平台的抢答功能体现故障判断的速度要求

续表 5-2-2

| 课中精讲训练 | 任务实施 | 3.分析处置方法(8~10分钟)
(1)分析发生这三种单挡屏蔽门无法关闭故障类型时的应急处置方法
类型1:移开人或物之后操作LCB控制盒至关门位
类型2:异物能及时清除时,操作LCB控制盒至开门位,清除异物,再操作LCB控制盒至关门位;若异物不能及时清除,则操作LCB控制盒至关门位
类型3:操作LCB控制盒至关门位
(2)强调LCB控制盒(屏蔽门就地控制盒)的核心功能(旁路故障门的安全回路)
(3)结合任务视频中的故障类型选择合适的处置办法,并模拟操作LCB设备
注:根据学生的模拟操作情况检查自学效果,对学生操作中出现的问题进行个别或统一指导 | 仿真设备操作微程序 | (1)头脑风暴
(2)模拟操作LCB | (1)引导归纳
(2)巡回指导LCB操作
(3)根据学生反馈灵活调整 | (1)基于云平台的头脑风暴讨论
(2)运用仿真设备操作微程序模拟关门故障处置时的设备操作 |
| | | 4.实施处置演练(13~14分钟)
(1)观看一线作业教学视频,强调发生单挡屏蔽门无法关闭故障时应急处置重要环节及规范要求
应急处置步骤:一看、二操作、三汇报、四确认、五防护、六汇报
规范要求:汇报、动作、防护
(2)各车站小组根据本次故障应急处置任务讨论涉及岗位和应急处置流程,并制作流程图提交
涉及岗位:站务员、行车值班员、司机、值班站长
(3)各车站小组根据流程图分角色组织演练(四个岗位)
(4)典型示范 | (1)一线作业教学视频
(2)某地铁企业单挡屏蔽门无法关闭故障应急处置评分标准 | (1)绘制流程图
(2)分组演练
(3)处置展示或观看处置展示 | (1)发布评分标准
(2)巡回指导小组活动
(3)直播学生典型示范 | (1)利用Process On制图工具绘制应急处置流程图
(2)运用直播平台的直录播功能将处置演练展示给企业导师 |

续表 5－2－2

课中精讲训练	任务实施	5.评价故障处置(4~5分钟) (1)学生自评 示范小组评价本组应急处置演练完成情况 (2)学生互评 其他小组课上点评示范演练完成情况,课后利用直播平台、云平台对各小组的演练给予评价 (3)教师评价 教师课上点评示范演练完成情况,课后利用直播平台、云平台对各小组的演练给予评价 (4)企业导师现场远程实时点评 课堂展示小组的演练由企业导师在一线作业现场进行远程实时点评,其他小组的演练上传直播平台,接受企业导师的点评	某地铁企业单挡屏蔽门无法关闭故障应急处置评分标准	接受点评	给予评价	(1)运用即时通信工具的视频功能实现课堂与企业导师的实时互动 (2)运用云平台实现多方全过程评价
	总结反思	2分钟 对本学习任务进行总结,以企业规范化作业流程为依据,师生共同反思			(1)总结重难点 (2)发布拓展任务	
课后提升拓展		拓展任务: 屏蔽门夹物,门头灯闪亮,清除异物并操作LCB后,门头灯仍未熄灭,站务员如何处置		在线讨论	在线答疑教学反思	运用云平台开展课后讨论

创新与特色

1.校企双元云平台导师制。通过校企双主体导师制利用云平台网络技术组织教学实施,实现人才共育。由企业方组建现代学徒制订单班企业教师团队,与学校老师按照共同制定的人才培养方案,共同实施课堂教学。校企合作开发现场教学视频、设备仿真模拟操作微程序等数字化学习资源。教师和企业导师课前课后利用云平台与学生实时互动交流。课中企业导师利用直播平台和即时通信工具参与教学,在地铁运输现场进行演示、指导、评价。通过信息化手段实现课堂教学与企业一线作业对接,将企业文化、企业标准融入课堂教学。

2.多元评价体系。利用教学直播平台、即时通信工具等信息技术引入企业导师现场实时评价,构建由学生自评、学生互评、教师评价和企业导师远程评价相结合的多元实时全过程评价体系。

【任务小结】

通过学习信息化教学实施这个教学任务，主要认识和理解了信息化教学实施的内涵、流程和注意事项，以及如何进行信息化教学实施。

信息化教学实施是依赖信息化教学环境，利用信息化资源，运用信息化教学手段开展教学的活动，是教师教学理和运用新技术的体现。因此，合理使用信息化教学环境，充分利用信息化教学资源，有效运用信息化教学手段，认真组织教学活动，化解教学过程中重点和难点问题，能有效提高教学效果，提升信息化教学水平。

任务5.3　信息化教学评价

【任务描述】

信息化教学由原来教师单向传授知识改为师生双向互动式教学，更关注教学情境与信息资源的开发，也给信息化教学评价带来了巨大的改变。信息化教学评价就是运用各种评价方法和信息处理技术，对教学活动作出的全面准确的评价，达到以"评"促"教"，提升教学质量的目标。信息化教学评价既强调评价理念的科学性，又关注信息化评价工具的应用。

青年教师李老师，通过培训掌握了信息化教学评价的基本原则、方法及流程，重点学习了典型的信息化教学评价工具，准备通过信息化评价工具开展教学评价。

在信息化教学评价过程中，评价工具的熟练应用是基础，教师与学生的全面参与是关键。信息化技术不但改变了传统的教学评价方式，也产生了一些新型高效的评价工具。

【任务资讯】

1.教学评价

教育质量的提高首先取决于教学质量的提高，要提高教学质量就必须对教学提出一定的质量要求。而对教学是否达到了一定质量要求的判断就是教学评价。教学评价是指以教学目标为依据，制定科学的标准，运用一切有效的评价技术手段，对教学活动的过程及其结果进行测定、衡量，并予以价值判断的过程。它贯穿于整个教学活动的始终，对教学过程和结果起到了诊断、激励和调控的作用。

2.教学评价的分类

根据实施教学评价的时机不同，通常将教学评价分为准备性评价、形成性评价和总结性评价。

（1）准备性评价

准备性评价，又称诊断性评价，是为了使教学适合于学习者的需要和背景而在一门课程或一个学习单元开始之前对教学背景及学习者所具有的认知、情感和技能方面的条件进行的评估。

（2）形成性评价

形成性评价，又称过程评价，是在教学活动过程中，为了更好地达到教学目标的要求，取得更佳的效果而进行的评价。形成性评价是关注教学过程的评价，是重在发展的评价。不同于传统评价只关注学生提供的答案是否正确，而是了解学生在教学过程中知识掌握的水平层次及出现的问题，以便教师及时调整策略，学生更好修正学习方法。

形成性评价是信息化教学评价的重要形式。通过关注过程，才能深入了解学生在发展过程中取得的进步及面临的问题。不仅可以强化学生的已学知识，还能发现学生不清楚的知识点。形成性评价旨在有效推动和改善课程发展，帮助教师、学生及时解决教学中存在的问题。

形成性评价的具体操作方式很多，包括：自查清单、记分表、教学单元作品集和评价量规等，其中最普遍、最具可操作性的方式是记录电子学档。

（3）总结性评价

总结性评价，又称事后评价，一般是在教学活动结束后，为了解教学活动的最终效果和判断学生学习目标是否达到而进行的评价。总结性评价的具体形式有两类：专题研讨评价与课程学习总体评价。专题研讨评价针对某一个专题开展，常采用论文或文章摘要的形式；课程学习总体评价在学习结束时开展，常采用试题作答或网络考试等方式。

当前大多数教学评价以总结性评价为主，而现代教育的发展趋势将日益重视形成性评价。信息化教学评价应坚持形成性评价和总结性评价并重的原则，使教学过程与教学评价相辅相成。这有利于教学质量的提升与学生综合素质的发展，培养学生分析问题、解决问题的能力，将学生从被动的接受评价者转变为教学评价的主动参与者。

3. 信息化教学评价

要实现信息化教育的培养目标，必然要对学生成长的各个阶段，每个阶段的不同时期，每个时期的不同活动制定切实可行的评价标准，用以判断学生是否达到或正在达到符合最终目标价值判断的子目标。传统的教学评价对此已无法胜任。教学评价的发展与变革实为教育发展的必然，因此，我们用信息化教学评价来特指适应信息化教育需要的，体现"以学生为中心"和"面向过程"特点的新型教学评价。

信息化教学评价

信息化教学评价是指在现代教育理念的指导下，运用一系列评价技术和工具，对信息化教学过程进行测量和价值判断的活动，为教学问题的解决提供依据，并确保改善教与学的效果。

4. 信息化教学评价工具

传统的教学评价工具一般以纸质材料为主，教学评价数据来源于学生的作业本、测验试卷、学习心得及作品成果等。此类评价数据的收集耗时费力，而且需要占用大量的存放空间，不易保存。然而，随着信息技术在教育教学中的深入应用，人们改变了传统的教学评价工具，将纸质材料变为电子材料，这样既方便了数据的收集，又有利于数据的保存，并且为后期对于数据的加工、处理、统计、分析提供了便利。在实际教学应用中，常用的信息化教学评价有电子档案袋、评价量规、概念图和学习契约等评价方式。

(1)电子档案袋，是按一定目的收集的反映学生学习过程以及最终产品的一整套材料。电子档案袋通常以文件夹形式存在，主要存放学习过程中的各种文件资料，如图片、录像、程序、论文等。教师可以通过这些资料，辅导学生达到学习目标。

(2)评价量规，是一种结构化的定量评价标准，围绕评价目标规定细化了全面的评级指标。量规既是一种客观、全面的评价方法，也是对学生学习的一种导向工具。

(3)学习契约，也称为学习合同，它源自于真正意义上的契约或合同。信息化教学中通常采用"任务驱动"和"问题解决"作为主线，为了让学生在完成任务和解决问题时有具体的目标或依据，学习契约是一种很好的形式。

(4)范例展示，就是在布置学习任务之前，向学生展示符合学习要求的学习成果范例，以便为学生提供清晰的学习预期。科学的范例展示是一种良好的学习示范，对为学生独立学习也能起到很好的引导作用。

(5)概念地图，是一种用来指示知识领域组织情况的图表。通过识别某一课题的各个概念，通过标识各种的联系关系，从而构建出一个概念地图，这种显示图表对于学习活动的进行与评价均有重要意义，有助于学生依此来表征概念。

【任务实现】

5.3.1 用电子档案袋开展信息化教学评价

1.电子档案袋介绍

档案袋评价又称为"学习档案评价"，最早应用于美国，是以档案袋为依据而对教学开展的综合评价与反思。随着信息技术的快速发展，档案袋资料便于通过计算机及网络进行辅助收集、管理与展示，从而发展成为电子档案袋。相比传统的评价方式，电子档案袋评价的主要特点有以下几点。

(1)评价者的多元化、评价的个性与多元化

电子档案袋的评价主体可以是教师、学生、同学或家长，实现评价主体多元化。不同于标准化考试，电子档案袋充分体现了学生的特长与个性，也充分体现了公平性。

(2)以学习者为中心

电子档案袋的宗旨是以学习者为中心，学生有充分的自主权与控制权，并能参与评价标准的制定，不再是被动地接受与应付。

(3)以评价来促进发展

电子档案袋评价不同于被动的评价方式，学习者不仅可以参与评价标准的制定，更可以通过标准来自我指导、主动学习；教师通过对学习过程的评价，也能根据结果及时调整改进自己的教学方法，从而实现以评价来促进教学。

(4)关注教与学过程的评价

电子档案袋是一种面向过程的评价方式，在学生开展学习过程中进行评价，不同于单独的测试评价模式。它记录了学习者成长的过程，实现了学习、课程和成果一体化的评价。

(5)评价的灵活性

电子档案袋将知识进行收集，便于知识的共享与交流，学习方式更加灵活多样。通过同

学互评等方式，给评价带来了众多的灵活性。

2．电子档案袋示例

电子档案袋是在某一时期不同情境中产生的有关师生工作信息的系统收集，包括教师的教学情况及学生的学习成长情况等，可以是学习作品、获奖证书、文章、图片、视频等。电子档案袋通常由学生在教师的指导下收集起来，以其不同功能为标准，可划分为不同类型并确定其内容，档案袋类型有理想型、文件型、展示型、课堂型以及评价型等。典型的档案袋的组成内容见图 5 - 3 - 1。

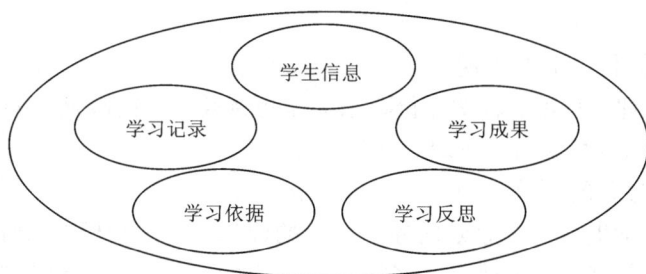

图 5 - 3 - 1　电子档案袋的内容框架

电子档案袋可以通过多种信息化手段实现，如文件夹、常规软件、网络电子档案生成器等。电脑的"文件夹管理"是实现电子档案袋最直接简便的方式。图 5 - 3 - 2 是基于文件夹管理的典型档案袋。

图 5 - 3 - 2　基于文件夹管理的档案袋

5.3.2　用量规开展信息化教学评价

1.量规评价介绍

量规，也称为评价表或评分细则，从评价目标出发，制动详细的评价标准，针对标准形成不同水平的评价，是一种结构化的定量评价工具。量规通常设计为表格，由评价要素、指标、权重、分级描述等几个要素构成。以学习成绩的量规评价为例，就是把学习成绩的目标分解为若干个指标，并详细描述个性指标所对应的不同水平等级。量规评价的主要特点有如下几点。

（1）量规是一种评价标准的体现

通过明确详细的评价标准，教学评价要求完全可视化，从而降低了对学生评价的主观随意性，使评价比较有效、客观与公正。

（2）量规是面向过程的评价

量规往往是评价学生给定作业或任务中产生的成果，适用于研究性学习、演示汇报、家庭作业、科学实验等多种学习活动。更多地注重学生的创新意识、动手能力、协作能力、态度习惯等综合素质。

（3）评价标准公开化

量规使评价标准公开化，可以让学生清楚地知道学习要求是什么，以及教师对其学习的期望是什么。也有助于教师获得有用的教学反馈，从而反思和改进自己的教学。

2.量规评价示例

信息化教学评价不仅关注学习结果，也非常重视学习过程。在任务驱动式的教学活动中，很多学习成果是以电子作品、报告心得等形式呈现的，因此要求评价工具关注学习过程、具有良好的操作性，以及能全面准确地评价学生的学习过程和学习成果，而量规评价即可满足上述评价要求。

以对作文的量规评价为例，作文通常可从结构、内容、语言、书写卷面等四个维度开展评价，每个维度还可以进一步进行细分要求，并对各评价要求的等级水平明确打分标准。作文的量规评价表如表5-3-1所示。

表 5 - 3 - 1　作文评价量规表

评分项		分值				得分
		A　10~9	B　8~7	C　6~5	D　4~1	
结构	开头	开篇点题，不仅起到总领全文的作用，更生动有趣	开篇点题，能起到总领全文的作用，但不生动有趣	开篇段落只能起到点题或总领全文作用中的一项	开篇直接叙述，无技巧	
	中间	中间段落安排层次清晰，衔接流畅自然	中间段落安排层次有层次，衔接流畅自然	中间段落安排层次杂乱，但是有过渡句或者过渡段	中间段落安排层次杂乱，无过渡	
	结尾	总结全文，点明中心，深化主旨，让人回味无穷	总结全文，点明中心，深化主旨	结尾段能总结全文，但是无深刻感悟	潦草结尾，无感悟	
内容	选材	选材新颖，有典型且生动的故事情节和"细节描写"	选材普通，但有典型且生动的故事情节和"细节描写"	选材普通，无典型且生动的故事情节，只是简单叙述	流水账，无具体情节	
	主题	切合文题，中心明确，有深刻的感悟	切合文题，中心明确，有简单感悟	符合文题，能够从文章中归纳出主旨，无明确感悟	跑题	
语言	描写方法	描写方法运用丰富且恰当	运用 3~5 种描写方法，且运用恰当	运用 1~3 种描写方法，且运用恰当	没有使用描写方法	
	修辞	多种修辞手法运用丰富且恰当	运用 3~5 种修辞，且运用恰当	运用 1~3 种修辞，且运用恰当	没有使用修辞	
	叙述语言	生动、感人	流畅、无病句	流畅，但有个别病句	不通顺，病句很多	
书写	卷面	整洁、美观、无涂改	整洁、美观、有少量涂改	工整、有少量涂改	乱，涂改很多	
	语句	流畅、无错字	流畅，有 1~3 个错别字	流畅，有 3~5 个错别字	错别字很多	
	标点符号	标点符号运用丰富且恰当	标点符号运用恰当	标点符号使用有个别错误	标点符号运用错误很多	

5.3.3　用概念图开展信息化教学评价

1.概念图介绍

概念图是用来组织和表征知识的工具，它通过方框或圆圈来表征某个主题的各层次概念或命题，再通过各种连线将相关的概念与命题连接起来，形成某个主题的概念或命题之间相互关系的空间网络结构图。概念图就是让学习者将零散的知识结构化、条理化，并建立起关联关系，从而使学习者头脑中的隐性知识转化为显性知识。

概念图评价是一种新型教学评价工具，就是以概念图为工具，对学生开展学习评价。可以检测出学习者的知识结构及其关联关系的理解，引导学生从系统化、结构化、整体性的高度来关注知识点，促进学习效果。其主要特点有以下几点。

①适于评价主体多元化

教师通过指导学生使用概念图梳理自己的知识网络，学习小组内通过头脑风暴来制定概念图，便于开展小组间合作式评价，或学生自主评价，适于评价主体多元化。

②概念图是一种动态评价

信息化教学具有动态性、开放性特点，学习者通过对概念图的制定与修改，能动态反映学习者哪些知识是掌握的，哪些还存在问题；哪些知识是重点范畴，哪些知识只需了解。

③概念图能激化学生兴趣与能力

学习者利用概念图将头脑中的知识罗列出网络，变成一种知识创作的过程，提高学生的参与度与学习兴趣。学习者在概念图的制作过程中促进了新旧知识的整合，构建了知识结构并培养了自我反思的能力。

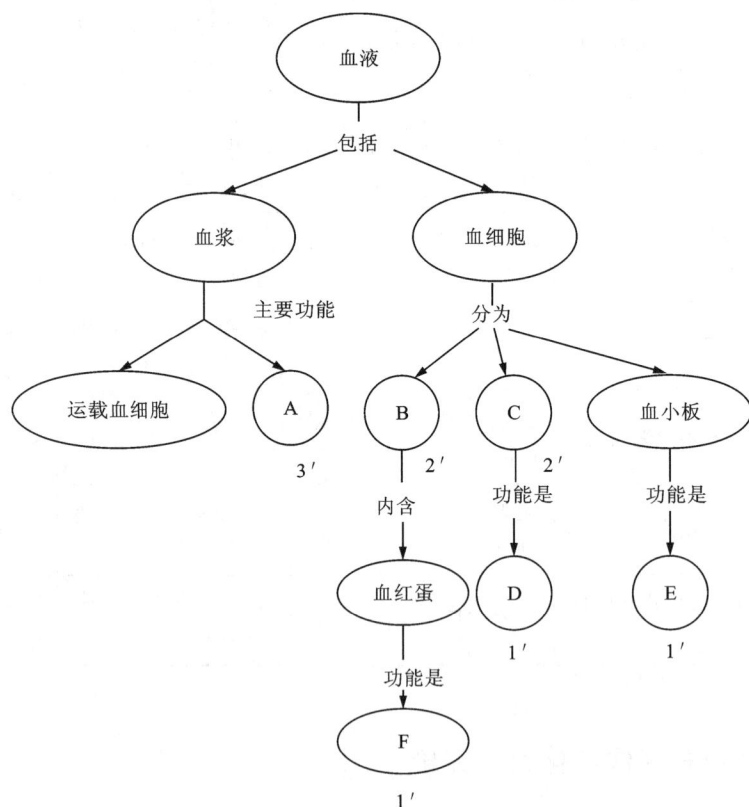

图 5-3-3 概念图评价示例

2. 概念图评价示例

概念图是一种重要的信息化教学与评价工具，主要用来评价学生对知识的深入理解能力，比较适合智力技能领域的评测，而对操作技能、社会技能等评价作用有限。

概念图制作可以借助计算机软件工具来进行，如常见的办公应用软件，如 Office 中的 Word、画图等软件都可以绘制概念图。如图 5 - 3 - 3 是典型的概念图示例。

【任务·小·结】

通过学习信息化教学的评价这个任务，主要认识和理解了信息化教学评价的分类、工具，以及如何进行信息化教学评价。

信息化教学评价是信息化教学实施中的重要教学环节，它能有效促进学习者认真学习，促进教师优化教学实施，提高教学效果。因此，充分认识教学评价的重要性，合理运用信息化评价工具，对教学实施中的评价环节认真评价，就能有效提高教学质量。

【本章·小·结】

信息化教学是相对于传统教学而言的一种现代教学的表现形态。在传统教学中，教师是教学活动的主体，学生被动地接受知识，学习效率不高。而信息化教学主要培养学生的信息素养、创新精神、实践能力和综合能力，使学生能够真正成为知识信息的主动建构者。为达到良好的教学效果，我们要认真进行信息化教学过程设计。

信息化教学过程是指教师根据教学目标、实际学情、教学环境等因素开展的一系列教学活动，其主要教学活动包括信息化教学设计、信息化教学实施和信息化教学评价。

信息化教学设计是指充分利用现代信息技术和信息资源，科学安排教学过程的各个环节和要素，为学生提供良好的信息化学习条件，实现教学过程全优化的系统方法。信息化设计包括七大要素：教学分析、教学模式与策略的选择、教学资源的架构、学习任务与学习情景的设计、教学过程设计、教学评价的设计和教学反思。每一个要素都要认真分析，从而制定出一份合适的教学设计方案。

信息化教学实施是指教学活动组织与实施。是为了实现教学目标，教师组织引导学生主动作用于教学内容，教师和学生之间开展的一系列有组织、有计划、相互作用的学习活动的总过程。在实施过程中，要实现教学数据信息化、教学资源信息化、教学模式信息化和教学互动信息化。

信息化教学评价是指为实现信息化教育的培养目标，必然要对学生成长的各个阶段，每个阶段的不同时期，每个时期的不同活动制定切实可行的评价标准，用以判断学生是否达到或正在达到符合最终目标价值判断的子目标。传统的教学评价对此已无法胜任，体现"以学生为中心"和"面向过程"特点的新型教学评价成为教育发展的必然。常用的信息化教学评价工具有：电子档案袋、评价量规、概念图和学习契约。我们要根据教学的具体情况选择合适的信息化教学评价方式。

信息技术的广泛运用，为教师的教学组织、实施和评价提供了新的手段与技术，为教学创设了良好的环境和条件。教师应根据课程的性质、内容和教学要求，精心进行教学设计，认真进行教学实施，有效开展教学评价，提高教学质量。

【思考与探索】

1. 什么是信息化教学设计？
2. 信息化教学设计要素包括哪些方面？
3. 信息化教学设计的原则是什么？
4. 什么是信息化教学能力？
5. 谈谈自己在信息化教学实施过程中，在哪些方面有待提高？
6. 教学评价有哪几种类型？
7. 常用的信息化教学评价工具有哪些？
8. 什么是量规评价？量规评价有什么特点？
9. 什么是概念图评价？概念图评价有什么特点？

第6章

实施信息化教学管理

【教学情境】

伴随着云计算、大数据、物联网、移动计算等信息技术的发展，教育行业开始广泛使用信息技术，通过将信息化技术运用于教学环境、学习方式、教学资源、教学评价及教学过程中，教师的教学水平得到了很大提升，教学手段也得到了很大提高。为了进一步增强自身的教育教学水平，职业院校的教师们正在积极探索和实施将信息技术应用于教学管理的方法。

教学管理是指教育者通过一定的管理手段，使教学活动达到学校既定的人才培养目标的过程，教学管理是正常教学秩序的保证。教师实施信息化教学管理的目的旨在改变原有的以人工为主的教学管理模式，利用现代信息技术和管理方法，对教学信息进行采集、分析、处理、存储、传播和反馈，建立以计算机技术和大数据分析技术为基础的新型管理模式，从而规范教学资源和教学过程管理，提高教学效率、提升教学质量。

【解决方案】

作为职业院校的教师，在实际的教育教学过程中，他们要思考怎样采用信息化手段建设、管理和运用教学资源，如何利用信息技术对教学的支撑来开展教与学的活动。信息化技术应用于教学管理已经十分普遍，职业院校教师在实际的教育和教学过程中主要用它来协助获取、组织和管理教学资源，实施、评价和指导教学过程。为了更好地开展信息化教学管理，首先，我们要根据信息化教学资源的组织原则对教学资源进行管理。其次，要根据信息化教学过程的特点和原则，选择合适的教学管理系统和平台，实施教学管理图6-1-1。

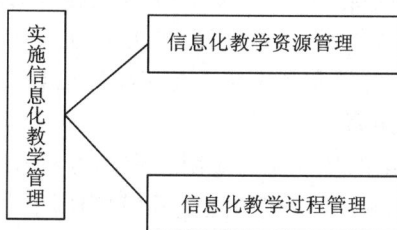

图6-1-1 实施信息化教学管理任务分解图

【能力目标】

知识目标：能够运用信息技术和教育教学管理知识，了解教学资源的数字化方法与构建过程，识别教学过程管理特点与管理原则，熟悉信息化教学资源管理方法，熟练使用教学过程管理涉及的信息化技术和工具。

技能目标：能够根据所教课程的需要，使用信息化手段获取、分析各组织教学资源，开展信息化教学过程管理。

素养目标：具有良好的信息化教学管理素养，能够根据教学需要，主动开展信息化教学资源管理和教学过程管理。

任务6.1　信息化教学资源管理

【任务描述】

计算机网络的出现打破了人类活动的时空障碍，使得全球的信息传播环境发生了极大的改变，它使信息领域变得更为广泛，这股信息化的浪潮使得老师在教育教学中可以利用的教学资源变得无穷无尽。刘老师是通信技术专业的一名新进教师，他在进入工作岗位后，面对该专业海量的教学资源信息，他感到无所适从，急于找到几种合适的教学资源管理方式对各种教学资源信息进行规划、组织、开发和控制，以综合利用各种资源来满足今后的教学需求。

前段时间，他参加了信息化教学培训，通过培训，他学到了几种常用的教学资源管理方法，决定利用其中典型的文件目录管理法、教学平台模式管理法、资源库管理法来重构所任教课程的教学资源。

【任务资讯】

AECT（美国教育传播技术协会）把教学资源定义为教学材料、教学环境及教学支持系统的集合，也就是指一切可以运用于教育、教学的物质条件、自然条件、社会条件以及媒体条件等，狭义的教学资源主要包括教材、案例、影视、图片、课件等软件教学资源，广义的教学资源还包括教学过程中所需要的教具、基础设施等硬件教学资源。信息化教学资源，就是信息技术环境下的各种数字化素材、课件、教学材料、网站和认知、交流、情感激励工具。对于普通的老师，工作所涉及的教学资源主要是狭义上的教学资源，因此本节的教学资源是指以信息技术为基础，承载教学信息，支持教学活动的软件教学资源。

信息时代教学资源的信息域是多种多样的，有的是现成的，有的是教师搜集而来的，有的则是教师设计开发的。不管来源如何，它们大概可以分为9类：教案、试题、论文、课件、图片、视频、音频、动画和其他教学参考资料；在多媒体信息表现形式上则体现为：图形、图像、表格、公式、曲线、文字、声音、动画等。

管理是组织的管理者在特定的环境中，应用一定的方法和原理，引导组织中的被管理者有序地行动，从而使有限的资源得到合理的配置并发挥作用，以达到预期的目标。网络技术的发展、因特网的普及，为教学资源的管理提供了一种新的途径。信息化教学资源管理是指教师对教学资源进行数字化、格式转换、分类、存储、检索与维护等操作，以期通过合理利用提高教学效率、提升教学效果。

目前的教学资源从信息化来源角度可以分成三类：现有的非数字化教学资源、师生自创数字化资源、专业人员开发建设的数字化资源。其中第一类不适合信息化教学，需要对其进行数字化改造。

1. 信息化教学资源管理原则

在教学资源的管理中应遵循的重要原则有如下几点。

（1）系统性原则

面对种类繁多的教学资源，为了确保资源的有效利用，教师需要进行系统的管理。对各种资源进行分类管理，是教学资源管理的重要方法。对于非数字化资源，可贴标签进行标识；对于数字化资源，首先要注意设置好目录结构，以便在进行资源浏览时能够一目了然。其次要进行分类管理，这有助于迅速检索出需要的资源。根据实际情况确定，可能不同的系统之间、不同的人之间有不同的分类标准。比如，对于专门的教学资源管理系统，可把资源按学段、学科以及媒体类型进行分类存储；对于专题性的资源可结合专题中的问题，按其具体的要求和专题开展的进程来分类。

（2）安全性原则

教学资源管理过程中，除了考虑系统性外，教学资源的安全性同样不可忽视。教学资源的获取，有时是非常困难的，还有一些资源可能丢失或遭到破坏后将无法修复。因此，在教学资源的管理过程中要特别注意资源的安全性。首先应该防止丢失，其次要对信息化资源进行定期备份，以防计算机系统出现故障，造成资源丢失。

（3）时效性原则

信息社会，知识更新的速度非常快。在教学过程中，教师会慢慢积累一些教学资源，用于不同的教学目的。教师除了对这些教学资源进行系统的管理，保证教学资源的安全性以外，还必须要关注这些教学资源的时效性。比如，有的教学资源可能过了一段时间就不再适用，而需要新的教学资源来替代；原有的教学资源分类体系可能已不能满足现有的教学需要，而必须更新分类体系。教师应该根据教学目标、实际学情、教学环境合理等不定期对教学资源进行获取、整理、修改或删除。

（4）尊重知识产权原则

教师在获取和使用教学资源时，应特别注意尊重原创者的知识产权。不能擅自复制、修改和传播别人的原创资源，更不能擅自用于商业用途，否则将被追究法律责任。

2. 信息化教学资源管理组织方式

信息化教学资源适合采用文件目录形式进行管理，即以建立文件夹的方式管理资源。文件目录管理的首要工作是对资源进行分类，可以按照知识结构和类型用途两种方式合理组织资源。

（1）按知识结构组织资源

教学资源可以借鉴树型目录结构方式，根据专业、课程名称、章节、知识点等层次，以知识的结构化组织形式，归类、存储各类教学资源，如图 6-1-2 所示。采用树型知识结构组织的教学资源具有条理清楚和分类明确的特点，能够解决文件的重名问题，便于文件的检索和进行存储权限的控制。

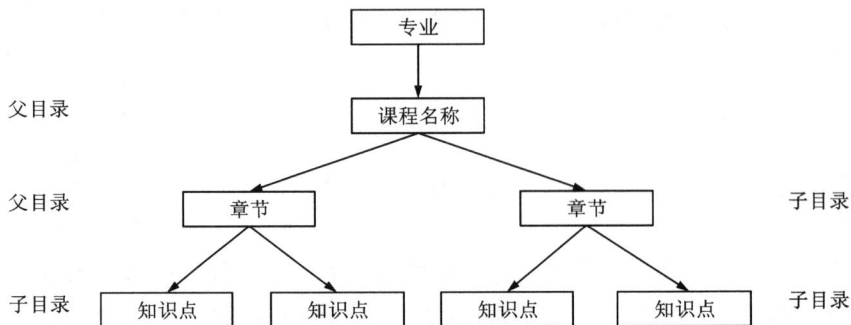

图 6 - 1 - 2　按知识结构组织资源图

（2）按照用途和类型组织资源

从教学应用的角度出发，可以根据资源的用途和类型，将数字化教学资源分为多媒体类、教案类、试题类、技能考证类、竞赛类等。这种资源组织形式有利于教师个人的知识管理，能够反映出各种教学资源的属性和应用价值。

3.典型的信息化教学资源管理方法

随着信息资源的增长，为海量的教育资源的建设与管理带来了新的挑战。目前，各类教学资源的组织管理模式主要有四种，如图 6 - 1 - 3 所示。

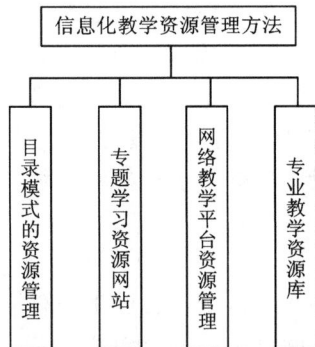

图 6 - 1 - 3　信息化教学资源管理方法

（1）目录模式的资源管理

根据教学资源分类的不同，以多级文件夹形式组织管理信息化教学资源，它是最早出现并且最常使用的教学资源管理模式。其以文件名标识信息内容，用文件夹组织信息资源，并通过网络共享实现信息传播，能组织和管理图形、图表、音频、视频等各种非结构化的教学信息，文件服务器（FTP）就是以目录模式组织信息资源的。

（2）专题学习资源网站

专题学习网站是指在互联网络环境下，对一门或多门课程涉及的一个专题进行较为广泛的深入研究，形成具有某种组织结构的资源学习型网站，通常由结构化知识展示、扩展性学习资源、网上协商讨论空间、网上自我评价系统等四部分组成。在信息化教学中，它能向学习者提供与课堂教学内容相关的大量专题资源，是师生之间和生生之间协作、学习、交流的一种工具，强调通过学习者主体性的探讨、研究、协作来求得问题解决，从而体验和了解科学探索过程，提高学习者获取信息、分析信息、加工和运用信息的实践能力以及培养其良好的创新意识与协作精神，是自主学习教学模式、合作学习教学模式和探究式教学模式常使用的工具。

（3）网络教学平台资源管理

网络教学平台是在原有的学习管理系统的基础上，为信息化教学提供教学过程（课件的制作与发布、教学组织、教学交互、学习支持和教学评价），教学组织管理（用户管理、课程管理）和全面支持服务的软硬件系统的总称，它能整合与集成现有的网络教学资源库以及其他信息化教学需要的子系统，构建完整的网上教学支撑环境，网络教学平台可划分为三代。

第一代：点播式教学平台

在网络教育发展初期，点播式教学平台主要实现了教学资源的快速传递，学生可以随时随地点播音频、视频课件，查阅电子教案等教学内容，完成在线作业等。其主要特点是以课件为中心，教育资源的网上电子展示，强调的是管理。

第二代：交互式教学平台

广泛运用即时通信技术开展在线和离线的教学支持服务，教学平台集成视频会议系统、虚拟教室系统、聊天工具、BSS 讨论系统、内部电子邮件系统给学生提供了学习导航、在线离线课程、答疑辅导、讨论、在线自测等服务，提高了师生之间的互动水平以及学生的学习效果。其主要特点是以学生为中心，加强了教学平台的交互功能，强调为学生提供及时有效的服务。

第三代：社会化教学平台

互联网技术的迅速发展、全球化趋势的加强以及学习社会化的提出，使学习者利用社会化教学平台，通过智能化搜索引擎、RSS 聚合、Blog（利用评论、留言、引用通告功能）、Wiki以及其他社会性软件等，建立起了属于自己的学习网络等，包括资源网络和伙伴网络，并处于不断的增进和优化状态。其主要特点是社会化，是集体智慧的分享与创造，强调学习社会化。

（4）专业教学资源库

教学资源库是以资源共建共享为目的，以创建精品资源和进行网络教学为核心，面向海量资源处理，能把资源分布式存储、资源管理、资源评价、知识管理融为一体的资源管理平台。教育部在"高等职业教育专业教学资源库项目申报指南"中把专业教学资源库定义为以企业技术应用为重点，涵盖教学设计"教学实施"教学评价的数字化专业教学资源，包括专业介绍、人才培养方案，教学环境、网络课程、培训项目以及测评系统等内容，具体内容包括：职业标准、技术标准、业务流程、作业规范、教学文件等文本；企业生产工具、生产对象、生产场景、校内教学条件等图片；企业生产过程、学生实训、课堂教学等音视频；工作原理、工作过程、内部结构等动画；虚拟企业、虚拟场景、虚拟设备以及虚拟实训项目等环境；企业案例、企业网站链接等素材；数字化教材、教学课件等课程软件；习题库、试题库等题目。

【任务实现】

6.1.1　教学资源的数字化

在现有的教学资源中，有很多教学实践中积淀下来的印刷品、音像制品等非数字化的教学资源，根据教学需要，教师可以对这部分教学资源进行数字化改造。

图片和文字材料一般先使用数码相机、数字扫描仪等工具转化为可在计算机上加工和处理的图片资源，再使用 OCR 技术（文档识别 SDK、表格识别 SDK 等）对图像中的文本进行识别和转换处理。模拟音像制品可先借助相关的设备和计算机应用软件进行模数转换（A/D 转换），再使用非线性编辑软件 Adobe Premiere 等工具对转换后的视频、图像、音频数据进行编辑，并根据需要生成特定的格式进行保存。

6.1.2　教学资源的构建

1. 图片素材的处理

教师可以使用 PhotoShop 等工具对教学资源所涉及的图片进行裁切、添加文字、消除文字和痕迹等简单操作，也可以使用 PhotoShop 工具箱中的裁切工具、文本工具、仿制图章工具等完成复杂的图片编辑操作。

2. 音频素材的转换和处理

网络下载的声音文件一般是 MP3 格式，而进行教学设计时，常用的格式是 WAV 或 WMA 格式，教师可使用格式工厂等软件对声音文件进行格式转换，教师还可使用音频编辑软件 Audition 等对其进行录音、降噪、修改与合并。

3. 视频素材的转换和处理

网络下载的视频文件一般是 flv 或 mp4 格式，教学设计时常用 WMV 格式，可用先格式工厂软件对视频文件进行格式转换，再用狸窝全能视频转换器、快剪辑等工具对视频进行截取视频片段、剪切视频黑边、添加水印、视频合并、调节亮度、对比度等操作。

4. PDF、WORD、PPT 转 SWF

Flash 格式的文件具有只读的特点，还可以在任何电脑上运行，在进行教学资源的管理过程中，教师可以使用 FlashPaper、格式工厂等软件把 PDF、WORD、PPT 等格式的文档转化成 swf 格式的 Flash。

6.1.3　目录模式的教学资源管理

基于文件夹管理的信息化教学资源管理方式是目录模式最常见的资源管理方式，它以树型结构组织教学资源，文件和文件夹是其重要的两个元素。

文件就是在计算机中，以实现某种功能或某个软件的部分功能为目的而定义的一个单位，文件有很多种类型，用户一般通过文件扩展名来识别文件类型。

文件夹（folder）是指专门用存放文件的夹子，是装文件和资源用的，主要目的是为了更好地保存文件，使它整齐规范。从这种意义上讲，文件夹是一种实物。在计算机领域，文件夹是一种计算机磁盘空间里面为了分类储存电子文件而建立的独立路径的目录，"文件夹"就是一个目录名称，又可称之为"电子文件夹"；它提供了指向对应磁盘空间的路径地址，它可以有扩展名，但不具有文件扩展名的作用，也不能通过扩展名来标识文件夹格式。

1. 基于文件夹管理的一般步骤

基于文件夹管理的资源管理方式一般先确定文件夹的结构，再根据具体结构收集整理教学资源。

（1）确定文件夹结构

文件夹是文件管理系统的骨架，因此，文件夹的结构对文件管理来说至关重要。建立适合自己的文件夹结构，可以对多样的信息化教学资源信息进行归纳，方便教师的使用。由于每位教师对于不同资源的认识不同，资源的使用方法也有很大差异，所以分析自己所拥有的资源信息是建立文件夹结构的前提。

（2）收集整理信息化教学资源

当教师在教育教学过程中收集和积累到优秀的信息化教学资源时，将这些资源按照事先确定的文件夹结构进行存储，可实现信息化教学资源的累积。

2. 基于文件夹管理的注意事项

文件管理的难点是方便保存和迅速提取，解决这个问题最理想的方法就是分类管理。从硬盘分区开始到每一个文件夹的建立，都要按照使用需要，分为大大小小、多个层级的文件夹，建立合理的文件保存架构。基于文件夹的信息化教学资源管理需要注意以下一些问题。

（1）控制文件夹与文件的数目

通常来说，文件夹里的文件数目不应过多，一个文件夹里面有 50 个以内的文件数是比较容易浏览和检索的。如果超过 100 个文件，浏览和打开的速度就会变慢且不方便查看了。

如果文件夹内文件数较多，就得考虑存档、删除一些文件，或将此文件夹分为几个文件或建立一些子文件夹。另一方面，如果有文件夹的文件数目长期只有少得可怜的几个文件，也建议将此文件夹合并到其他文件夹中。

（2）注意结构的级数

分类的细化必然带来结构级别的增多，级数越多，检索和浏览的效率就会越低，建议整个结构最好控制在二到三级。另外，级别最好与自己经常处理的信息相结合。

越常用的类别，级别就越高，比如在管理信息化教学资源时，课件这个文件夹就应当是一级文件夹。但是，需要指出的是，文件夹的数目、文件夹里文件的数目以及文件夹的层级，往往不能两全，需要在不断的实践中找到一个最佳的结合点。

（3）文件和文件夹的命名

为文件和文件夹取一个好名字至关重要，文件和文件夹的命名应以最短的词句概括该文件夹的类别和作用，能让教师不需要打开就能记起文件的大概内容。

从排序的角度上说，一些常用的文件夹或文件在起名时，可以加一些特殊的标示符，让它们排在前面。比如当某一个文件夹或文件相比于同一级别的来说，访问次数要多得多时，可以在此名字前加上一个"1"或"★"，这样可以使这些文件和文件夹排列在相同目录下所有文件的前面，次要但也经常访问的，就可以加上"2"或"★★"，以此类推。

3. 基于文件夹管理教学资源管理

"现代交换技术"课程的数字化教学资源存储路径及规则按照"课程名称\章\节\知识点"层级目录结构来组织。

（1）建立以课程命名的根文件夹并管理文件

①首先在 D 盘建立一个"现代交换技术"的文件夹。

②在"现代交换技术"文件夹下建立以章命名的子文件夹，并将课程及资源规划结构表、资源开发进度表、课程教学大纲存放在此文件夹中，如图 6-1-4 所示。

图 6-1-4　章文件夹命名、文件夹结构图

（2）在章文件夹下建立以节命名的子文件夹并管理相关文件

在"第 2 章 信令系统"文件夹下建立以节名称命名的子文件夹。如图 6-1-5 中的"第 2 章第 1 节 信令的基本概念和分类"文件夹。

图 6-1-5　节文件夹命名、文件夹结构图

（3）在节目录文件夹下建以知识点命名的知识点文件夹并管理相关文件

①在节文件夹下建立知识点子文件夹。

②若有子知识点，则在知识点文件夹下建立子知识点文件夹。

（4）建各知识点数字资源文档并管理相关文件

①将知识点的电子教案、电子书、PPT、图片等文档放入以知识点命名的文件夹下，如图 6-1-6 所示。

②将子知识点图片放入以子知识点命名的图片文件夹中，如图 6-1-7 所示。

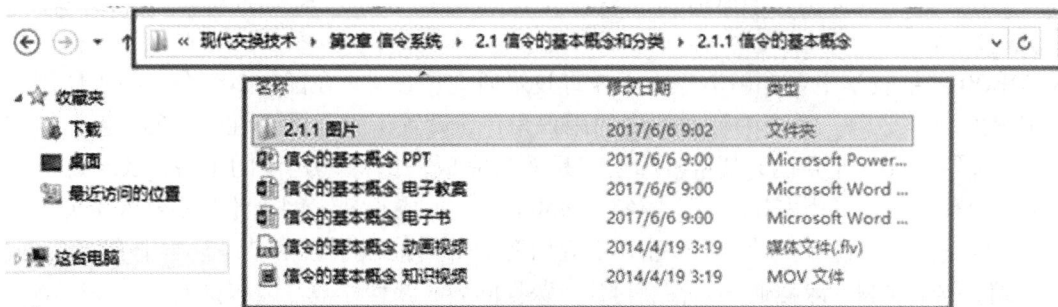

图 6-1-6　知识点数字资源子文件夹命名、文件夹结构图

6.1.4　教学平台模式的教学资源管理

伴随着网络技术、信息技术的飞速发展，我国教育信息化的程度越来越高。中共中央办公厅、国务院办公厅印发的《2006—2020 年国家信息化发展战略》中指出："加快教育科研信息化步伐，必须实现优质教育资源共享，促进教育均衡发展"，在此背景下，国内许多职业院校都引入了网络辅助教学平台，作为其基础性的支撑平台开展教学资源建设和教学资源管理。

网络教学平台，又称网络教学支持平台，狭义的概念是指具有组织、跟踪、评估、发送、呈现、管理学习内容与学习活动，促进学习者之间交互等一系列功能的计算机网络系统，广义的概念是在狭义的基础上还包括支持网络教学的设施与设备等硬件资源。目前，国内外已

图 6 – 1 – 7　知识点图片资源子文件命名、文件夹结构图

经研发了许多通用型的网络教学平台软件，在功能上主要包括对教学过程的支持、教学管理的辅助以及与网络教学资源库的集成等，如国外的 Moodle(Modular Object – Oriented Dynamic Learning Environment，模块化面向对象的动态学习环境) 平台，是澳大利亚教师 Martin Dougiamas 基于建构主义教育理论而开发的课程管理系统，它是一个免费的开放源代码的软件，在各国得到了广泛的应用；Sakai，同样是一个免费、共享源代码的教育软件平台，是在2004 年由美国印第安纳大学、密西根大学、斯坦福大学和麻省理工学院发起的一项开放源代码的课程与教学管理系统(CMS)开发计划，它的用户主要集中在北美和欧洲。目前，国内自主开发的网络平台主要有"THEOL 清华教育在线""课程中心""蓝墨云班课""大学城空间""智慧职教"等。

　　THEOL 网络教学平台是由清华大学教育技术研究所设计，在国内 200 余所院校使用的一个较成熟的教学平台。系统中针对不同的用户角色，设置了不同的个性化空间，包括管理员空间、教师空间和学生空间，其中教师空间是教师完成一门课程建设的平台，系统提供了教学信息、课程列表、日程安排、教学邮箱、通知公告、问卷调查、网上论坛、个人资源、教学博客、教师信息、开任课申请、修改密码、应用咨询等功能模块；在课程教学中有课程介绍、教学大纲、教学材料、课程通知、答疑讨论、课程问卷、课程作业、试题试卷库、在线测试等模块以及与精品课程申请、建设、评审相关的模块。

　　蓝墨云班课是一款基于移动网络环境满足教师和学生课堂内外即时反馈教学互动的客户端 App，以帮助老师提高与学生的互动效率，激发学生在移动设备上学习为目的，实现教师与学生之间的教学互动、资源推送和反馈评价。教师使用蓝墨云班课创建一个班课，学生通过班课邀请码加入班课，所有学生的智能手机立即连接成一个可以即时反馈的教学互动网络。利用蓝墨云班课，教师可以提升与学生的沟通和互动效率，开展微课或翻转课堂教学。教师可以发送课程通知，推送课件、微视频、图片、音频、文档等资源到学生的移动设备上，并提醒学生学习，反馈学生的学习记录。在课堂上或课外时间里，教师可以随时开展投票、问卷、头脑风暴、答疑、讨论等教学活动，让教学更加生动有趣。配套蓝墨移动交互式数字教材，教师还可以实现对每位学生学习进度的跟踪和学习成效的评价。

　　教学资源建设是一门网络课程开发过程中最为基础和核心的工作，教学资源的质量一定程度上决定了课程的质量，是衡量一门课程建设成果的基础性指标。教学资源的组织依赖于教师在传统教学工作的积累，却并非简单地将传统教学资源数字化"搬家"到平台中，而是包含了科学的方法，教师将大量的、分散的、杂乱的信息通过筛选、整合、优化，形成一个有利于学习者方便利用的结构化的、系统化的知识体系。

长期以来，对于网络信息都存在着批评的声音，缺乏统一标准和基本的质量评估，使得海量的网络信息重复、无序，质量参差不齐，影响着信息的利用、交换和共享。同样，在各类教学资源的类目组织上也存在着混乱现象，主要表现为类目划分不合理、缺少标准化。

网络教学平台作为课堂教学的延续应专注于如何将资源整合、设计分布、不断地及时更新，以及在此基础上通过何种方式引导学生充分利用资源、激发学生的学习兴趣，提高教学质量，刘老师针对所教的《现代交换技术》课程，在 THEOL 平台的该课程目录下设置了如下模块。

（1）课程内容

主要包括课程内容介绍、教学大纲、教学日历、课程教材、参考教材等，使学生对《现代交换技术》课程有一个全面了解。

（2）教师信息

主要包括任课教师信息、主讲教师介绍。使学生在了解《现代交换技术》课程基本信息的同时，对任课教师的研究方向、教学成果、教学特色等情况有一个初步的认识，以便学生增加对教师的认识，提高上课热情。

（3）课程学习

主要包括针对各章节的学习目标、知识结构、重点难点等。使学生对课程的总体要求以及课程的重点难点有个初步的了解。按照课程安排预先知道每节课要讲的内容，提前做好预习，使课堂学习更有目的性和针对性，提高教学效率及学习的主动性。

（4）教学材料

主要包括教学课件、实验资源、教学微课、重点知识动画演示、常见问题与解答等。教学课件与实验资源包括的实验教学课件是多媒体教学必备的资源之一，供学生课后学习使用。教学"微课"主要是为了突出课堂教学中某个学科知识的教学，或是反映课堂中某个教学环节、教学主题的教与学活动。重点难点动画演示将课程中涉及的难于理解的算法通过FLASH 动画的形式展现给学生，使得抽象枯燥的知识变得更加生动形象、容易理解。问题与解答以章节为单位，由任课教师不断加以充实，帮助学生快速解决疑问，对课堂教学进行有力的补充。对于每个知识点的学习，学生可以通过阅读文字教材→观看教学课件→观看教学"微课"视频→观看 FLASH 动画→完成实验活动→自我测试学习链完成。

（5）试题试卷库

该部分包括试题库与试卷库两部分。每部分均可包括单选题、判断题、填空题、程序阅读题、编程题等类型。教师可针对某一类型对学生进行专项训练，亦可根据相应的比例进行综合练习，其中习题以考核学生能力为主。试题库中的内容可被试卷库引用。学生可随着课程的进度随时进行有针对性的测试，以帮助学生及时、更好地消化和理解各章节所学的内容。

（6）在线测试

该部分以试题库为基础，并按照一定的组卷策略组织试题，并进行在线测试。组卷策略包括：按题型组卷、按章节组卷、按难易程度组卷。教师可对学生的学习效果进行阶段性的检测，及时掌握学生的学习动态。

（7）答疑讨论

建立具有留言板功能的课程讨论区，该部分是网络教学平台的重要组成部分。教师可根据自己的教学内容创建话题。学生亦可以针对自己的疑问创建话题，允许其他学生发表自己的看法并与教师进行交流。该功能消除了传统教学中教师只能当面答疑的时空限制，学生能够随时在讨论区提出自己的问题，而教师可以对具有代表性的问题做出统一解答。

（8）课程作业

实现在线作业处理功能。教师能够在线布置作业并进行批改，学生可网上提交作业。摒弃了传统的作业提交、批改方式，可提高教师的工作效率和学生的学习效率。最大程度地实现了对学生作业的无纸化管理，优化教学资源。学生可随时查看作业的批改情况，及时了解自己对知识点的掌握。

✎【任务小结】

信息化教学管理离不开教学资源的数字化管理，通过信息化教学资源管理这个任务，主要了解和熟悉了常用的教学资源管理方法，以及如何选择合适的资源管理方法来重构教学资源和开展教学活动。

目前教学资源主要分为非数字化教学资源、师生自创数字化资源、专业人员开发建设的数字化资源等三类。在教育教学过程中，教师应根据教学需要借助信息技术对已有的教学资源进行加工和重构，形成满足自身课程教学需要的资源管理方式。

信息技术发展迅猛，数字化教学资源越来越丰富，面对海量的教学资源信息，职业院校的教师有必要找到适合的教学资源管理方式对所教课程的各种教学资源信息进行规划、组织、开发和控制，以此来丰富课堂教学手段、激发学生学习兴趣，提高课堂教学效率。

任务6.2　信息化教学过程管理

▦【任务描述】

吴老师是软件技术专业一名教师，新学期他接了"软件工程"课程，"软件工程"是一个实践应用性很强的课程，它涵盖软件工程、软件工程过程、软件管理的方法学、基本知识和基本技能等众多学科知识，而传统软件工程的教学模式比较僵化，主要采用单向的灌输式教学，教师和学生之间的沟通交流较少，导致教学效率低下，无法充分调动学生的学习积极性、主动性和创造性。

随着现代教育技术与信息技术的发展，信息化课堂课程管理和信息化教学过程管理开始走入人们的视野，他想开展信息化教学过程管理来对教学涉及的各种因素进行科学的规划和管理，以此增强教师的教学实施和控制职能，调动教师和学生双方的积极性，确保在有限的时间、空间和物质条件下使"软件工程"这门课程取得更好的教学效果。

🌐【任务资讯】

教学过程是指教师根据一定的社会要求和学生身心发展的特点，借助一定的教学条件，指导学生主要通过认识教学内容从而认识客观世界，并在此基础之上发展自身的过程。其主要包括教学设计、课堂教学、布置和批改作业、课后师生互动、考试与评价等几个环节。

随着云计算、大数据、物联网、移动计算等新技术的广泛应用，信息技术对教育的影响日趋明显，教学过程呈现出信息化的特征，我们将其称为信息化教学过程。其是指教育者和学习者运用现代教育技术传递、接受和交流教育信息的过程，是一种教育者和学习者的双边活动过程。它既是教育者借助现代教育媒体搜集、加工、处理和传递教育信息的过程，也是学习者借助现代教育媒体查询、探索、接收和加工教育信息的过程。

信息化教学过程管理是指人们利用新的技术和手段对信息化教学活动开展的各种要素和活动的管理。信息化教学过程管理是围绕师生教与学的需求，为了实现特定的教学目标而对影响信息化教学过程的各种要素进行的组织与协调，其目的是为教学创设良好的环境和条件，以促进学生有效的学习。信息化教学过程管理与传统教学过程管理的区别主要体现在教学过程管理目标、管理手段、教学过程环境、管理场域因素等几个方面（表 6 - 2 - 1）。

1. 信息化教学过程管理特点

表 6 - 2 - 1　信息化教学过程管理与传统教学过程管理对比

	传统教学过程管理	信息化教学过程管理
管理目标	对影响教学过程秩序的要素进行控制	为构建生动、富有活力的教学过程提供氛围
管理手段	刚性的教学过程规则和纪律，侧重于"命令 + 监督"的管理方式	更多依赖学生的自律和师生间的协商与合作
过程环境	倾向行为控制和程式化问题解决，注重教学过程秩序和规定性服从	创设交互式教学过程环境，支持宽松的开放式教学过程氛围
管理场域	局限于现实的教学空间	现实教学空间与虚拟学习空间并存

2. 信息化教学过程管理原则

依据信息化教学过程的特点，信息化教学过程管理应遵循四个基本原则（表 6 - 2 - 2）。

表 6 - 2 - 2　信息化教学过程管理原则

管理原则	管理要求
规范性原则	信息化教学过程管理应该采用先进的管理理念、完善的管理制度、科学的管理方法，对教育、教学全过程实行规范的管理，以达到科学、规范、有序、高效的目的
信息化原则	在信息化教学过程管理中，必须运用信息管理技术，全面更新教学管理手段，加大教学过程管理信息化的建设力度，建立信息化管理模式，实现教学过程管理的科学化和信息化，提高教学过程管理的效率和水平
个性化原则	信息化教学过程管理应根据学生的个性特点进行差异化、个性化、个体化、有针对性的管理
连续性原则	信息化教学过程管理要依据教学过程和学生身心发展的规律、遵循教学过程的阶段，对教学过程进行持续的、不间断的管理

【任务实现】

6.2.1 教学设计管理

教学设计是上课的前提，是教师的主要工作。教师应熟悉所教课程的教学计划、教学大纲和教学内容，深入钻研选定的教材，分析该门课程各个知识点的教学内容，明确教学的知识目标、技能目标、教学重点、教学难点；全面了解和分析学习者情况，增强教学的针对性，做到既面向全体，又因材施教，调动学习者的学习主动性与积极性。精心设计教学进程，选择与设计教学方法，准备信息化教学资源与教学环境，以便生动活泼地进行教学。

在进行教学设计时，首先要进行学情分析。从教学视角看，主要分析愿不愿意学习、学习能力如何和会不会学习等三个方面对于信息技术教学内容的选择和组织，如学生的学习意愿、学习能力和学习方法。了解学情的方法有多种，其中调查法了解学情是比较经济、便利的方法。根据调查主要采用的手段，调查法又可分为三种：访谈、问卷调查和测试调查。将学情分析的重点内容与这几种调查方法对照发现，在调查对象较多的情况下选择问卷调查和测试调查的方法了解学情比较合适，在需要深入了解学情时，可结合访谈法。一般可在学期初、单元教学前开展学情问卷调查，也可根据需求针对单节课进行问卷调查。教师可以采用"问卷星""腾讯问卷"等软件调查、收集和分析学情资料。

问卷星是一个专业的在线问卷调查、测评、投票平台，目前各职业院校主要用其来开展学术调研、社会调查、在线报名、信息采集等工作，它能为教师提供在线设计问卷、数据采集、自定义报表、调查结果分析等服务。问卷星的使用流程包括在线设计问卷、发布问卷并设置属性、发送问卷、查看调查结果、创建自定义报表、下载调查数据等6个步骤。

获得详细的学情资料后，教师应利用互联网中优质的教学资源，设计好本堂课的教学内容、教学视频等。对于教学视频资源，可以直接使用或购买国内外优秀的网络开放教育资源，如国外顶级名校推出的 MOOC 平台（Coursera，EdX 和 Udacity），国内的清华大学学堂在线、爱课程、网易公开课、交通大学联盟的 ewant 等平台的优质在线课程资源。教师还可以借鉴国内外制作精良的网络视频教学资源，结合本校实际情况，融入个性化、本地化的内容，录制原创视频，建设具有特色的网络课程资源库，供本学校学生在线学习。教学视频制作必须摆脱传统教学观念和面授模式的影响，充分发挥互联网的优势，从教学思想、教学内容、课程体系各方面着手，合理运用多媒体工具，真正做到信息技术与课程的有机融合，提高教学质量。同时，教学视频的时间尽量控制在 10～15 分钟内，使学生能够保持较高的注意力。

教学设计不仅设计知识内容，更注重设计教学活动，能够熟练地使用互动教学、可视化表达、新技术融入，可以用"PP 匠"等工具把教学 PPT 转成具有二维码的 HTML5 动画格式，供学生在手机和平板电脑上浏览。

吴老师依托清华教育在线网络教学平台，为"教"与"学"创建了良好的虚拟环境。在这个平台上，吴老师针对软件工程这门课程设计和制定好教学大纲和教学进程表，明确课程性质、学习目标、课程重点和难点，建立教学交流和教学评价机制，并将其分为课程基本信息、教学资源、师生互动与作业管理、测验与评价等几个模块，具体见表 6－2－3。

表 6 – 2 – 3　教学模块表

课程基本信息	教学资源	师生互动与作业	测验与评价
课程介绍	教学课件	邮件答疑	在线测试
教学大纲	微课视频	调查问卷	试卷试题
教学日志	实践环节	课程论坛	课程评价
师资队伍	教学素材	作业	

其次，将"软件工程"各个章节的面授教学内容在平台上按模块分类发布，形成比较完善的网络课程，让学生根据自己的兴趣和需求自主分类地进行学习。学生登录进清华教育在线网络平台后，可以获取教师上传的学习资源并按照学习要求进行自主学习，然后在论坛中发表自己的学习心得体会，或者提出问题，和教师以及同学通过回帖或者即时聊天的方式进行讨论交流，并记录下自己的学习心得。教师可以通过和学生进行互动交流，了解学生参与讨论的情况，为学生解答在学习过程中遇到的问题，并归纳总结出学生在学习过程中普遍遇到的问题。教师通过时间统计模块查看学生的学习时长，对学生课程学习的程度有一个初步的判断。教师在课前对学生的学习情况有一个清晰的了解，有助于设计和调整在课堂教学中的内容和教学活动。

6.2.2　课堂教学管理

课堂教学管理是指围绕教师与学生之间教与学的需求，为了实现特定的教学目标而对影响课堂教学过程的各种要素进行的组织与协调，其目的是为教学创设良好的环境和条件，以促进学生有效的学习。课堂教学是教学过程最为关键的一环，也是教学过程管理中最难管理的一环。

传统课堂管理主要是以教师为主导的权威型控制管理模式，它一般通过建立、实施和强化课堂规则及有关奖惩规定来实现，它重视教师对学生行为的控制过程，强调教师对各种控制策略的运用，这种教学管理管理模式具有容易组织、教学效率高等优点，但这种管理模式下教师把过多时间和精力集中在控制学生上，学生的主体作用得不到充分发挥，因而一定程度上压抑了学生的学习积极性与主动性，甚至有可能因管理和控制而导致更多的教学问题和困境。

随着信息技术的发展，很多学校探索基于计算机和网络技术开展的信息化课堂教学管理，这种课堂教学管理主要包括教学资源的管理、教学设计的管理和教学效果检测与评价的管理，它能够增强师生之间一对多或者一对一的交流，及时获取学生在学习过程中的表现，以便教师高效地控制课堂教学过程。

1. 信息化课堂教学管理与传统课堂教学管理的区别

信息化课堂教学管理与传统课堂教学管理的区别主要体现在以下 6 个方面。

（1）课堂管理目标

传统课堂教学管理注重对影响教学课堂秩序的要素进行控制，信息化课堂教学管理注重创建生动、富有生机与活力的课堂氛围。

（2）课堂管理手段

传统课堂教学管理主要采用刚性的课堂规则和纪律，侧重于"命令＋监督"的管理方式；信息化课堂教学管理主要采用"协商＋合作"原则，更依赖学生的自律和师生之间的互动交流。

（3）课堂学习环境

传统课堂教学管理倾向于行为控制和程式化问题解决，注重课堂秩序和规定性服从；信息化课堂教学管理则创设交互式学习环境，支持宽松的开放型课堂氛围。

（4）课堂管理场域

传统课堂教学管理局限于现实的教室空间，信息化课堂教学管理则可以实现现实课堂与虚拟学习空间的有机结合。

（5）课堂组织形式

传统课堂教学管理以班级授课制为主体，信息化课堂教学管理则包含讲授学习、合作学习、自主学习等多种方式。

（6）课堂干扰因素

传统课堂教学管理受学习无关的各种问题行为的影响，信息化课堂教学管理则主要受学习态度、协同方式和技术应用等因素的影响。

2. 信息化课堂教学管理的有效策略

（1）创设积极的课堂环境和氛围

开展教学活动之前，教师要向学生详细说明关于他们在教学活动中的特定要求。

在教学活动过程中，教师要鼓励、促进学生的积极行为；同时，教师要创设平等、相互接纳的学习气氛，与学生进行沟通、对话、交流，给予学生及时而积极的反馈。

教师要善于树立积极的课堂期望，发展有效的沟通对话，通过创设一种积极、有效的课堂氛围，来提高课堂管理的效率。

（2）提倡学生参与课堂管理

在学习任务、内容、方法、评价等方面，教师应给予学生选择、参与和决策的机会；学生自己选择、参与的机会越多，学习责任感和积极性也就越高。

教师可以根据活动目标与学生一起参与讨论并给以指导，而不是简单地施加命令。

教师可以通过 E－mail、QQ、微信、网络辅助教学平台等多种渠道听取学习建议，并根据学生的反馈意见来改善教学与管理。

课堂规范应当由教师和学生一起制定，学习过程应体现学生的主体地位，并建议同学进行相互评价和自我评价，学习活动应尽量在具有自我管理功能的学习群组或学习共同体内进行。

（3）加强学生的自我管理能力

教师可以采取一些适当的措施来帮助学生形成自我管理能力，如：鉴别和限定相关的行为，明确自我管理的对象和目标；指导学生建立自我管理程序，如学习进度表、在个人电脑上建立用于收集个人学习资料和学习作品的课程电子档案袋等；帮助学生分析自己的学习策略和学习状况，引导他们成为学习过程的自我监控者和管理者，并学会对自我管理的效果进行评价与反思；借助成长记录袋、电子学档、Blog、网络辅助教学平台、微信教学平台等信息工具进行学习评价和反思,培养自我计划、自我监视和自我调节的能力等。

在课堂教学中,吴老师根据学生在清华教育在线网络教学平台中的学习情况,首先集中解答学生在学习过程中普遍遇到的问题,对于小部分学生在学习过程中遇到的个性问题,教师通过一对一的方式对学生进行指导。接着,教师根据从清华教育在线网络教学平台了解的学生学习感想或者与同学之间的交流情况,对课程的重难点进行针对性的讲解,让学生更深入地理解。然后,教师组织学生以小组的形式,在听取过教师对重点问题的解答和学习过课程重难点的基础上,对学习内容进行深层次的讨论,并在讨论后进行自由发言,教师对学生的发言进行点评,与学生共同参与讨论。最后,教师对学生课堂研讨的情况进行分析和总结,进一步了解学生的掌握情况并布置课后学习任务。在课堂研讨的过程中,教师引导学生积极思考、发散思维,学生发表自己的见解、听取其他学生的意见,并结合教师针对性的讲解,进一步加深对学习内容的理解,完成知识内化,并培养自己的批判性思维(图 6 - 2 - 1)。

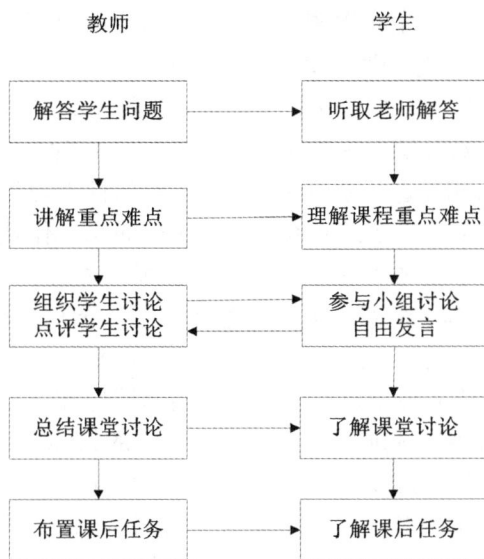

```
        教师                          学生

  ┌──────────────┐            ┌──────────────┐
  │  解答学生问题  │ ········> │  听取老师解答  │
  └──────┬───────┘            └──────────────┘
         │
  ┌──────▼───────┐            ┌──────────────┐
  │  讲解重点难点  │ ········> │ 理解课程重点难点│
  └──────┬───────┘            └──────────────┘
         │
  ┌──────▼───────┐            ┌──────────────┐
  │  组织学生讨论  │ ········> │  参与小组讨论  │
  │  点评学生讨论  │ <········ │   自由发言    │
  └──────┬───────┘            └──────────────┘
         │
  ┌──────▼───────┐            ┌──────────────┐
  │  总结课堂讨论  │ ········> │  了解课堂讨论  │
  └──────┬───────┘            └──────────────┘
         │
  ┌──────▼───────┐            ┌──────────────┐
  │  布置课后任务  │ ········> │  了解课后任务  │
  └──────────────┘            └──────────────┘
```

图 6 - 2 - 1　信息化课堂管理流程图

6.2.3　作业管理

作业是常规教学重要的一环,也是课堂教学的延伸和补充。作业具备三种功能:巩固与延伸的功能,培养与发展的功能,回馈、矫正和交流的功能。作业的表现形式是多种多样的:有书面的、有动手实践的、有文字的、有音频的、有视频的。但传统教学方式下的作业提交和反馈主要是通过纸质资料和电子资料进行的,这在无形中给教师和学生带来了很多不便,学生每次提交作业都要有课代表收集和发放作业,教师一般只有在办公室或家里等固定地点才能进行作业的批改,而且反馈和评价形式也比较单一,这些都使得传统模式下的作业提交变得非常困难,效果不是很好。计算机、网络技术和移动技术的发展为作业设计、作业批改和作业评价提供了多种新的方式,师生之间或者生生之间可以使用 Blog、Moodle、网络教学平台、蓝墨云班课、微信公众号平台等进行作业的发布、展示、批改与评价。

学生通过查阅相关资料、与其他同学讨论交流、查找相关案例等方式完成吴老师布置的学习任务，并以作业的形式提交到作业模块中。吴老师在课后通过查阅学生的作业，可全面了解学生对教学内容的整体掌握情况，并及时反馈给学生。学生根据教师的反馈，可以对自己尚未完全掌握的教学内容以及重难点知识进行重复学习，不断巩固。

在"软件工程"课程中对作业的评价中，吴老师注重学生之间学习共同体的形成，在此基础上进行学习共同体的自评和他评。让班级的学生按自愿原则分为若干个 4~6 人的学习小组，每个小组有一位"项目经理"，小组在"项目经理"的带领下，共同完成设计任务。在完成任务的过程中，"项目经理"必须根据小组成员的特点合理分配任务，有人收集资料，有人处理图片，有人组织文字，"项目经理"还要关注设计并及时进行技术指导。任务完成后，各个小组选出自己的客户代表展示自己小组的作品。在项目进行前、进行中、进行后，学生都可以在家通过微信、QQ 等网络交流工具相互沟通并互动解答。任务完成后，小组成员进行自评，"项目经理"根据成员在完成任务中的表现填写"经理评价表"，对小组成员进行他评。

吴老师使用蓝墨云班课软件来布置和评价作业，蓝墨云班课的评价方式有教师评价、指定学生评价和学生互评三种方式。默认设置为教师评价，就是老师自己对每一位学生提交的作业进行评价，包括评分和指导意见；设置为指定学生评价，教师可以从班课成员中选定一位助教或某个学生来评分；如果设置为学生互评，教师需要为互评设置五个以内的评分点，然后学生或小组之间就可以相互进行评价了，吴老师在软件工程教学中引入了学生互评做主体。学生因为要上传作业，会花更多的时间、精益求精的完成作业，师生的交集由课堂延伸到课外，更多的情感交流使师生之间良性互动。吴老师还建立了一个微信公众号"软件工程作业帮"，用于互动展示、交流、学习、推广学生团队的优秀作品与课程资源，作业自评互评的结果、优秀作品在下一次课前都会通过该公众号推送出来。公众号还为教师和学生提供了一个强大的素材库，其中的优质资源可以为教师的教学课件和学生的作业提供素材。

信息化环境下的作业管理方式能充分调动学生学习的兴趣，作业上传、评价都变得多样化，学生积极性被极大地调动，课堂参与度也会更高。作业互动展示平台中，学生作业的评估标准是多元的，通过自评互评表，学生对自己的作品进行反思从而对整个课程学习的过程进行反思，线上、线下结合的展评方式还能提高学生的合作沟通及语言表达等综合能力。

6.2.4 师生互动管理

利用计算机和网络技术开展师生课后互动，是课堂教学的一种重要补充。它可以有效利用课余时间来弥补课堂教学的不足、及时发现和解决学生学习中的问题、了解学生的学习状况、加强师生之间的交流与合作。

1. 信息化师生互动的优点

（1）能及时解决学习中的存在问题，促进学生的学习热情

学生在学习过程中会遇到各种各样的问题，也许是对教师所阐述的尚未理解透彻，也许是遇到新的问题。这时，如果能尽早地得到老师或同学的帮助与指导，效果不言而喻，也就是我们常说的"趁热打铁"。在"豁然开朗"之后，其学习的热情也必将高涨，反之，则可能会削弱他们持续学习的动力。而通过互联网能方便及时地联系到教师，进行辅导，解决问题，对保持学生的学习热情是很有作用的。

（2）能对学生的学习与生活情况进行了解与指导

信息化课后师生互动中，教师不能被动地做一名咨询者。既然作为一名辅导者，更要主动地去接触学生，了解学生的学习、生活情况，不仅解决学生学习中的问题，也要帮助学生解决生活中、情感上的问题。在课后师生互动中。不仅是文化知识的教学，也是一个育人的过程。

（3）课后师生互动可以加强学生之间的交流合作，从而获得学习的快乐

信息化课后师生互动不仅可以增进师生之间的交流，还可以促使学生之间在学习上相互帮助、取长补短、共同促进，同时也加强了学生之间感情上的联络，这种情感能增进学习的乐趣，使师生获得快乐。

2. 信息化课后师生互动平台

网络技术的迅速发展使得网络信息也不仅只是图文形式。音频、视频的传递在技术上也已相当的成熟，并有了广泛的应用，这些都为信息化课后师生互动提供了技术基础。同时，各种网络应用也如雨后春笋般迅速崛起，师生之间可以利用 QQ、微信等进行在线交流讨论；利用博客、公众号、清华在线、智慧职教、雨课堂等应用发布课程内容；利用 BBS、朋友圈等进行交流讨论。

雨课堂由学堂在线与清华大学在线教育办公室共同研发，旨在连接师生的智能终端，将课前、课上、课后的每一个环节都赋予全新的体验，最大限度地释放教与学的能量，推动教学改革。雨课堂将复杂的信息技术手段融入到 PowerPoint 和微信，在课外预习与课堂教学间建立沟通桥梁，让课堂互动永不下线。使用雨课堂，教师可以将带有 MOOC 视频、习题、语音的课前预习课件推送到学生手机，

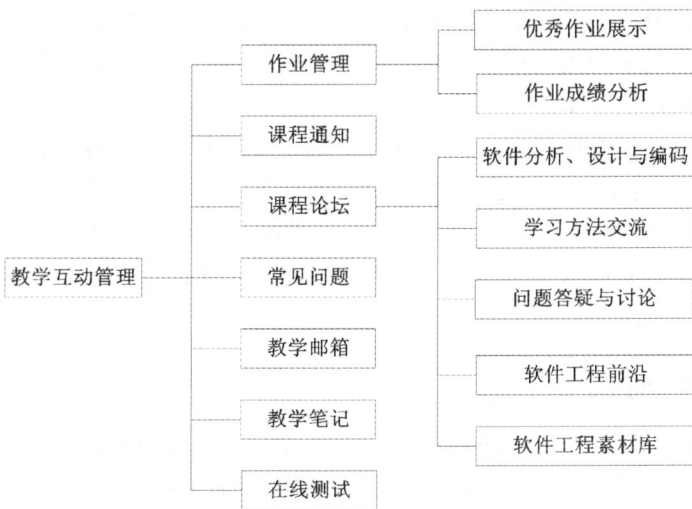

图 6 - 2 - 2　软件工程课程师生互动管理图

师生沟通及时反馈；课堂上实时答题、弹幕互动，为传统课堂教学师生互动提供了完美解决方案。雨课堂科学地覆盖了课前—课上—课后的每一个教学环节，为师生提供了完整立体的数据支持，个性化报表、自动任务提醒，让教与学更明了。

利用蓝墨云班课、THEOL 等网络教学平台以及微信公众号，吴老师在"软件工程"课程中实现了图中的教学互动管理（图 6 - 2 - 2）。在活动设计和应用方面需要考虑以下因素：交互环境使用方便、性能稳定；学生的信息素养，网络沟通能力；活动形式与激励机制；"教学交互"活动的及时性等。

6.2.5　教学评价管理

信息技术在考试和评价管理环节的应用，主要表现在以下 5 个方面。

（1）进行过程性评价和终结性评价

比如采用档案袋评价法对学生的学习进行评价。

（2）学生成绩的统计和分析

比如可以采用 Excel 软件对学生成绩进行统计，利用 SPSS 统计软件对学生成绩进行更细致的分析。

（3）对试题、试题库的管理

（4）测验、统计分析、个人与班级之进度报告

（5）统计分析、个别咨询等教学与管理功能

吴老师将诊断性评价、形成性评价和总结性评价，贯穿于"软件工程"这门课程的整个教学过程中。在课程开始之前，吴老师通过诊断性评价来了解学生的学情信息，对学生的知识水平和学习风格进行测量，根据学生的学情特点制定教学计划和教学内容；在课程学习的过程中，吴老师通过学生在蓝墨云班课中的平时作业完成情况、清华教育在线网络教学平台学习记录、论坛中讨论交流情况、教学课堂中发言情况等多个维度对学生的学习过程和效果进行评价，如果需要，还可以根据评价结果适当调整之后的教学计划，比如调整教学活动、更改教学内容等；当课程结束后，总结性评价通过教师评价、学生自评、同伴互评等方式完成，通过对学生知识掌握、能力培养、情感迁移等方面全面的分析，吴老师能够充分地了解学生的最终学习效果。

将形式多样的信息化教学评价贯穿于整个教学过程中，可以更真实地反映出学生整体的学习效果，将学生在整个学习过程中的学习情况反馈给教师，教师不会仅凭期末考核成绩来判断学生的学习效果，这样既有利于教师对学生的知识技能、学习方法、情感态度与价值观等方面有更深入的了解，提高教学评价的有效性，也能为教师以后的教学设计提供参考依据。

【任务·小·结】

通过信息化教学过程管理这个教学任务，主要熟悉了信息化教学过程管理的特点与原则，掌握了利用新技术和手段对信息化教学活动开展所涉及的各要素与活动进行全过程管理，从而提高教学有效性。

本节在教学过程所涉及的教学设计、课堂教学、作业、师生互动、教学评价等教学活动中使用了问卷星、网络辅助教学平台、微信公众号、蓝墨云班课、雨课堂等信息化技术和工具来开展教学活动管理。

随着现代教育技术与信息技术的发展，职业院校教师有必要开展信息化教学过程管理来对教学涉及的各种因素进行科学的规划和管理，以此增强自身的教学实施和控制能力，调动教师和学生双方的积极性，为教学创设良好的环境和条件，以促进学生有效的学习。

【本章·小·结】

信息化教学管理是指教师改变传统的以人工为主的教学管理模式，利用现代信息技术和先进的教育教学管理理念，对教学信息进行采集、分析、处理、存储、传播和反馈，从而规范教学资源和教学过程管理，丰富课堂教学和管理手段，激发学生学习兴趣，提高课堂教学效率、提升教学质量的过程。

信息化教学资源管理是指教师根据教学目标、实际学情、教学环境等对海量的教学资源进行数字化、格式转换、分类、存储、检索、修改、删除及维护等操作，以期通过合理利用提高教学效率、提升教学效果。目前，教学资源的建设与管理模式主要有目录模式、专题学习资源模式、网络教学平台模式、专业教学资源库模式等四种。

信息化教学过程管理是指围绕师生教与学的需求，教师利用新的技术和手段对信息化教学活动的开展的各种要素和活动的管理，主要包括教学设计管理、课堂教学管理、作业管理、师生互动管理、教学评价管理，其目的是为教学创设良好的环境和条件，以促进学生有效的学习。

信息技术的广泛运用，给教师的教学管理提供了新的手段与技术，为教学创设了良好的环境和条件，使得教师在教学活动的开展过程中管理更自动化、规范化和多样化，以促进学生有效的学习。教师应根据专业特点和课程的性质选择适合的教学资源与教学过程管理方式来完成教学目标，提高教学与培养质量。

【思考与探索】

1. 简述 OCR 的基本原理。
2. 介绍三个国内外应用广泛的教学平台并说明其特点。
3. 简述专题学习资源网站的特点。
4. 简述 THEOL 网络教学平台所包含的模块。
5. 结合实际教学经验，谈谈"蓝墨云班课"的利弊。
6. 简述信息化教学过程管理与传统教学过程管理的区别。
7. 比较信息化课堂教学管理与传统课堂教学管理的异同。
8. 简述信息化技术在教学评价管理中的应用。
9. 简述信息化课堂教学管理的有效策略。
10. 简述目前常用的几种信息化课后师生互动方式。

参考文献

[1] 白华. 混合式学习在《电视摄像》课程改革中的应用研究[J]. 出国与就业, 2011(10).

[2] 柏宏权. 基于同伴互评的移动作业展评系统的建构及实践分析[J]. 电化教育研究, 2017(03): 77 - 81.

[3] 蔡涛.《商品学》课程参与式教学的探究[J]. 科技创新导报, 2007(4): 193 - 193.

[4] 曾敏, 唐闻捷, 王贤川. 基于"互联网 +"构建新型互动混合教学模式[J]. 教育与职业, 2017(5).

[5] 曾瑞鑫. 学堂在线召开发布会宣布推出智慧教学工具——雨课堂[J]. 亚太教育, 2016(24).

[6] 车蕾. 机房授课模式下 C 语言程序设计课程的教学探讨[J]. 中国电力教育, 2014(36).

[7] 陈春华. 利用网络学习空间 推进学校行政管理信息化[J]. 教育信息技术, 2013(10): 24 - 26.

[8] 陈金灿. 信息技术环境下主体探究式学习的设计、实施与效果研究[D]. 赣南师范学院, 2010.

[9] 陈静. 房产信息管理系统的设计与实现[J]. 山东工业技术, 2015(19): 179 - 179.

[10] 陈磊, 翟清岩. 手机 APP 在大学语文信息化教学中的运用 ——以《蒹葭》为例[J]. 辽宁科技学院学报, 2018, 82(2): 87 + 94 - 96.

[11] 陈立江. 南京地铁模拟驾驶器的功能设计与应用[J]. 现代城市轨道交通, 2011(4): 21 - 23.

[12] 陈平. 任务驱动法在高职统计教学改革的探索与实践[J]. 广东技术师范学院学报, 2011, 32(1): 96 - 99.

[13] 陈曦. 初探如何营造良好的英语学习氛围和调动学生自主学习[J]. 中文信息, 2014(5).

[14] 陈臻臻. "互联网 +"作业展示评价变革在美术设计专业的实践与探索[J]. 职业教育(中旬刊), 2015(20).

[15] 陈宗瀚. 一种可放置手机的键盘[J]. 科学技术创新, 2019(06): 54 - 55.

[16] 成丹. 基于 CBAM 的中小学教师信息化教学关注和实施水平研究[D]. 山东师范大学, 2014.

[17] 程寿绵. 高职院校基于蓝墨云班课信息化教学的研究与实践[J]. 电脑知识与技术: 学术交流, 2018, 14(3): 115 - 116.

[18] 褚云霞. 基于《应用文写作》课程的混合式学习模式探究[D]. 河北师范大学, 2013.

[19] 崔师国, 徐春华. 网络环境下量规在新课程评价中的应用[J]. 广州广播电视大学学报, 2008, 8(3): 32 - 36.

[20] 崔赵南. 用信息技术打开语文教学的新空间[J]. 中学语文, 2017(36): 86 - 87.

[21] 大龙虾. 新手必看: 电脑文件管理八条小技巧[J]. 网络与信息, 2008(4): 64 - 65.

[22] 戴映. 钢琴即兴伴奏信息化教学效果提升的实践探索——以扬州旅游商贸学校学前专业为例[J]. 职业技能培训教学, 2018(10): 78 - 79.

[23] 董兴. 云南高等职业教育发展研究[J]. 教育与职业, 2011(20): 19 - 21.

[24] 段青. "任务驱动"教学法的本质探析[J]. 中小学信息技术教育, 2002(Z1): 72 - 74.

［25］段青. "任务驱动"教学法的本质探析［J］. 中小学信息技术教育，2002(Z1)：72－74.

［26］范德华，陈际福. 职业院校项目教学法的理论建构［J］. 思想战线，2011(S2)：398－401.

［27］符潘. 浅析网络语言的特点［J］. 新闻天地(论文版)，2008(2)：36－38.

［28］高枫. 基于"绎课"的护理专业课理实一体化教学课堂环境创设［J］. 科技资讯，2014(33)：189－189.

［29］龚蕊. 基于数字布鲁姆的任务型合作学习的应用研究［D］. 云南师范大学，2014.

［30］古春燕. 浅谈理实一体化教学在汽修专业的应用［J］. 祖国：建设版，2013(4)：76－76.

［31］郭相辰. 论述行动导向教学法在计算机网络教学中的应用［J］. 黑龙江科技信息，2012(28)：233－233.

［32］国外在线教育面面观［J］. 江西教育，2014(16)：39－39.

［33］韩波. 基于 Cool Edit 的音频制作技巧研究［J］. 电子制作，2012(11x)：108－109.

［34］韩将星. 无线电监测站设备库智能化管理系统研究［J］. 中国无线电，2019(02)：69－71.

［35］韩永生. 浅谈现代网络教育中信息与网络教学平台的深度融合［J］. 才智，2014(1).

［36］侯奉含，张今. 计算机应用基础在高职公共教学中的探析与研究［J］. 办公自动化，2010(20)：59－60.

［37］侯小伟. 参与式教学在中职《机械基础》课程教学中的应用［J］. 职业教育研究，2010(9)：71－72.

［38］侯治平. ERP 课程案例教学改革初探［J］. 教师教育论坛，2011(6)：64－65.

［39］胡哲，黄莉. 信息技术助推干部教育培训模式多元化［J］. 中国教育信息化，2013(12)：53－54.

［40］花洁. 探索构建网络环境下传统教学与网络教学优势互补的新型学习模式［C\］∥ 中国教育技术协会年会. 2004.

［41］黄京. 实时双向交互式远程教学系统的设计与实现［J］. 中国集体经济，2007(30)：187－188.

［42］黄柯，李建耀. 浅析利用教育技术开展大学生媒介素养教育［J］. 湖北广播电视大学学报，2007，27(8)：129－130.

［43］姜林康. 统计案例教学法初探［J］. 中国科技信息，2007(12)：197－198.

［44］焦莎莎. 水滴石穿的精彩——试论中职语文教学中的德育渗透［J］. 新课程(下)，2013(5).

［45］金洁，李晓俊，李辉. 数码影像实用教程［M］. 北京：清华大学出版社，2008.

［46］景红娜，陈琳，赵雪萍. 基于 Moodle 的深层学习研究［J］. 远程教育杂志，2011(3)：27－33.

［47］景亚妮，刘爱宏. 浅谈网络教学系统平台的建设及应用［J］. 科学技术创新，2013(13)：294－294.

［48］娟子. 视频格式转换大进阶［J］. 网络与信息，2005，19(5)：62－63.

［49］雷小兵. 理实一体化教学在职业教育中的优势［J］. 课程教育研究：新教师教学，2014(13).

［50］冷春华. 计算机辅助教学(CAI)的应用［J］. 科技创新导报，2007(8)：206－206.

［51］李彩霞. 基于 MOOC 资源的混合式教学案例研究［D］. 云南大学，2016.

［52］李丹丹. 职业教育一体化教室设计与建设研究［J］. 牡丹江大学学报，2011(12)：163－164.

［53］李凤来. 信息化教学设计与评价［D］. 天津大学，2006.

［54］李刚. 案例教学法在体育管理学教学中的应用［J］. 少林与太极（中州体育），2010(10)：11.

［55］李桂芹. 信息化教学评价量规的设计及应用研究［D］. 南京师范大学，2005.

［56］李华. "任务驱动"教学法在初中美术教学中的实施探究［D］. 山东师范大学，2018.

［57］李娟娟. 网络环境对青少年人格发展的影响初探［J］. 黑龙江教育学院学报，2008，27(6)：75－78.

［58］李赛男. 对开展大学生发展性学习评价的思考［J］. 辽宁工业大学学报：社会科学版，2011(1)：105－107.

［59］李淑馨. 浅析中职英语课堂中信息化手段的运用［J］. 课程教育研究，2018(50)：118－119.

［60］李新. 混合式教学在高职英语教学中的应用研究［J］. 湖北函授大学学报，2016，29(15)：151－152.

［61］李兴波，李德杰. 基于网络课程环境下的初中学科合作型教与习模式的研究［J］. 中国信息技术教育，2007(7)：83－84.

［62］李艳芳. 中职课堂信息化教学面临的问题与对策［D］. 山东师范大学，2015.

[63] 李杨. 案例教学在中等职业学校德育课中的应用[J]. 吉林广播电视大学学报, 2018, 204(12): 114 – 115 + 120.

[64] 李玉杰. 仿真教学及其应用[J]. 辽宁教育, 2012(21): 37 – 38.

[65] 林万里. 虚拟数控培训系统在实际教学中的应用[J]. 职业, 2011(30): 152 – 153.

[66] 刘芳. 基于交互式电子白板的初中地理协同[D]. 沈阳师范大学, 2012.

[67] 刘芳. 信息技术环境下职中物理教学模式的初步研究[D]. 苏州大学, 2009.

[68] 刘洁. 信息化教学设计模式原则和评价探究[J]. 武警学院学报, 2012, 28(3).

[69] 刘敏. 大数据时代高校数据素养课程体系构建[J]. 图书馆学刊, 2018, 40(10): 27 – 34.

[70] 刘娜. 高职商务英语信息化教学实例分析——以"产品推介"为例[J]. 校园英语, 2018, 52: 86.

[71] 刘平, 王军正. 高校混合式教学模式应用管理体系的构建[J]. 广西教育, 2017(23): 80 – 81.

[72] 刘世茹. 贵州电大实时双向交互式远程教学子系统的实现[J]. 现代远程教育研究, 2004(3): 62 – 65.

[73] 刘宗凡. 音频全接触[J]. 中国信息技术教育, 2011(9): 65 – 68.

[74] 卢彩林. 浅谈中等职教中的项目教学法[J]. 新课程: 教育学术版, 2008(1): 47 – 48.

[75] 罗伟华. 计算机辅助教学(CAI)的应用[J]. 陕西青年管理干部学院学报, 2005, 18(3): 22 – 23.

[76] 马洁. 教学资源库资源体系框架构建[J]. 中国教育学刊, 2012(S2): 290 – 290.

[77] 米娜. 交互式电子白板的全新教学体验[J]. 才智, 2012(12): 68 – 68.

[78] 聂红霞, 付洪伟. 初中数学作业前瞻性评价方式的建构[J]. 克拉玛依学刊, 2014(2): 70 – 73.

[79] 潘琪. 项目化案例教学在高职《医药企业管理》课程中的应用[J]. 职业教育研究, 2011.

[80] 潘文宇. 多媒体教室设备采购概述[J]. 科技广场, 2011 (6): 216 – 221.

[81] 丘曦霞. 合作学习在信息技术教学中的应用[J]. 中学教学参考, 2012(17): 95 – 96.

[82] 尚蕾. 基于 THEOL 网络综合平台的"数据结构"课程建设和教学改革[J]. 电脑知识与技术, 2012, 08(21).

[83] 宋新华. 计算机模拟仿真在数控实习教学中的应用[J]. 职业教育研究, 2005(2): 125 – 125.

[84] 宋月丽. 刍议任务驱动教学法在电子技术课程中的应用[J]. 辽宁高职学报, 2010, 12(11): 38 – 39.

[85] 孙婧, 杨炳恒, 黄葵等. 探讨理实一体化专业教室的建设[J]. 科技视界, 2015(16): 113 – 114.

[86] 孙荣会, 奚小溪. 不同 SSID 用户在 AP 三层注册 AC 时的 DHCP 应用[J]. 电脑知识与技术, 2014(6): 1211 – 1215.

[87] 孙许朋, 黄艳梅. 基于清华教育在线网络教学平台的法医学教学模式改革[J]. 文教资料, 2014(8): 151 – 152.

[88] 谭美云, 向志国. 《大学语文》中国古典诗词的教学目标与内容探析[J]. 湘潭师范学院学报: 社会科学版, 2008, 30(3): 201 – 203.

[89] 田雪琴. 翻转课堂在中职学校课堂的研究与运用——以酒店英语课程为例[J]. 中华少年, 2016(17).

[90] 王国华, 刘新桥. 高职《Java 程序设计》任务驱动分步迭代教学改革与实践[J]. 科技信息, 2012(3).

[91] 王佳. 浅析信息化教学及在中职"机械制图"课程中的应用[J]. 天津职业院校联合学报, 2019, 21(03): 60 – 64.

[92] 王琳娜. 信息化环境下贯通制高中英语视听说校本课程的开发研究[J]. 海外英语, 2018 (23): 7.

[93] 王陆. 教育传播学原理在改进班级授课制下的信息化课堂教学中的应用[J]. 中小学信息技术教育, 2007(9): 17 – 19.

[94] 王奇. 混合学习模式在高校数学中的应用研究[D]. 东北石油大学, 2014.

[95] 王鹢, 杨倬. 基于云课堂的混合式教学模式设计——以华师云课堂为例[J]. 中国电化教育, 2017(4).

[96] 王世富, 焦守军. 营建四区一体教学环境实现实训课理实一体教学改革[J]. 中国教育技术装备, 2014(5): 135 – 136.

[97] 王文敬, 张玲, 李婷婷, 等. 输血医学专业课程的远程教学模式初探索[J]. 中国高等医学教育,

2013(5)：60 – 61.

[98] 王炎华. 表格制作教学设计浅析[J]. 科技经济市场, 2016(11)：153 – 155.

[99] 王杨. 电视剧的网络传播研究[D]. 辽宁大学, 2011.

[100] 王志新. 试谈常见视频文件格式及其转换[J]. 电脑编程技巧与维护, 2010(20)：101 – 102.

[101] 韦爱群. 利用正弦线作正弦函数图像的微课设计与反思[J]. 数学学习与研究：教研版, 2019(1)：40 – 40.

[102] 温建红. 论合作学习有效实施的策略[J]. 当代教育与文化, 2011, 03(1)：68 – 71.

[103] 吴再陵. 网络环境下的合作学习[J]. 中小学教材教学, 2006 (7)：2.

[104] 吴振铨. 浅谈高等学校教务管理信息化建设[J]. 社会工作与管理, 2009, 9(s1)：46 – 48.

[105] 吴志玮. 优化发展高校网络教学资源[J]. 科技创新导报, 2007(36)：247 – 249.

[106] 谢巧. 合作学习的教学设计与技术[J]. 科技展望, 2015(19).

[107] 谢巧. 信息化环境下合作学习的研究与实践——以《小学六年级科学课》为例[D]. 宁夏大学, 2015.

[108] 熊锦建. 基于 VC 的绘画板修饰工具的研究[J]. 无线互联科技, 2012(5)：59 – 59.

[109] 徐春利. 交互式电子白板在高中思想政治课中的应用[J]. 中国教育技术装备, 2012(20)：110 – 111.

[110] 徐斯佳. 灾后重建区中小学教师教育技术能力培训的模式研究[D]. 四川师范大学, 2011.

[111] 徐梧. 基于学情分析的信息技术教学内容设计研究[D]. 南京师范大学, 2013.

[112] 许桂珍. 利用网络教学促进学生学习方式的转变[J]. 中国教育技术装备, 2012(13)：93 – 94.

[113] 鄢道朋. 案例教学在《中级财务会计》课程中的运用[J]. 科技经济市场, 2011(4)：119 – 120.

[114] 杨帆. 浅谈课堂教学[J]. 活力, 2012(2)：33 – 33.

[115] 杨靖. 信息化教学在高职大学语文教学中的应用[J]. 文教资料, 2018, 800(26)：27, 39 – 40.

[116] 杨克彦. 信息化课堂教学的设计实施策略简析——参加全国职业院校信息化教学大赛获奖的体会和感悟[J]. 亚太教育, 2015(29).

[117] 杨天敏. 微课背景下的混合式教学设计与实践[J]. 文教资料, 2019, 811(01)：204 – 205.

[118] 杨新春. 以学定教——师生关系与高效课堂的融合[J]. 中国校外教育, 2019.

[119] 杨新宇, 许远, 李燕. 高职院校教学管理工作的几点思考[J]. 延安职业技术学院学报, 2018, 32(06)：45 – 46, 79.

[120] 杨雄. 中学多媒体设备使用与维护初探[J]. 新课程(上), 2013(6)：185 – 185.

[121] 姚露. 基于厦门自贸区财税课程案例教学模式研究——以《会计学》课程为例[J]. 经济师, 362(04)：195 – 196.

[122] 乙姗姗, 樊文强. 混合学习在高校教学中的应用及其推动研究[J]. 中国电力教育, 2010, (33)：95 – 97.

[123] 音箱, 把你的耳朵叫醒[J]. 软件工程, 2006(6)：57 – 58.

[124] 殷士勇. 信息化教学设计的研究与实践[J]. 广西师范大学学报(自然科学版), 2015(3)：125 – 132.

[125] 尹梅. 浅议高职院校英语教学改革之信息化教学[J]. 校园英语, 2012(10)：170 – 170.

[126] 余学颖. 浅谈项目教学法在汽车检测与维修专业教学中的应用[J]. 现代制造技术与装备, 2012(6)：68 – 69.

[127] 俞芹. 巧用网络优化聋生写作教学[J]. 现代特殊教育, 2012(6)：47 – 48.

[128] 俞志坚. 多媒体网络课件视频压缩处理技术分析[J]. 农银学刊, 2011(6)：73 – 74.

[129] 翟卉欣. 市场需求导向下的大学英语教学改革探索[J]. 北方文学(下旬), 2012(6)：171 – 171.

[130] 张红梅. 运用现代信息技术 提升语文教学效率[J]. 课程教材教学研究(小教研究), 2011(z4).

[131] 张宏. 构建自主教学模式 完善"任务驱动"教学方法[J]. 中学课程资源, 2011(3)：4 – 7.

[132] 张欢. 提升职业教育内涵的核心是课程建设[J]. 延安职业技术学院学报, 2013(5)：26 – 27.

[133] 张健. 试论应用型本科院校 ESP 教学现状与发展对策[J]. 考试周刊, 2014(39)：155 – 156.

[134] 张娟娟. 关于我国课堂教学中合作学习的几点思考[J]. 教书育人, 2006(5)：68 – 70.

[135] 张骏. 从"教材"中来到"生活"中去——"教学设计"全攻略[J]. 中小学信息技术教育, 2012(9): 90 – 92.

[136] 张旻浩. 信息化时代科技期刊使用 IT 技术的思路探讨[J]. 今传媒, 2010(12): 120 – 121.

[137] 张明岗. 项目式课题在中职车工实训教学中的应用探究[J]. 科学大众(科学教育), 2012(8): 124 – 124.

[138] 张仁杰, 苑廷刚. 田径项目运动技术视频图像处理系统的基本构建和技术术语[J]. 田径, 2013(3): 44 – 47.

[139] 张树敏. 信息化环境下英语自主学习发展研究[J]. 软件导刊, 2015(2): 177 – 179.

[140] 张悦, 陈素清. 基于 THEOL 的"C 语言程序设计"网络课程的设计与构建[J]. 沈阳师范大学学报(自然科学版), 2012, 30(3): 438 – 441.

[141] 赵俊楠. 显示器的发展[J]. 科技信息, 2011 (36): 598.

[142] 赵明豹. 基于 JPEG – Jsteg 信息隐藏改进算法的研究[J]. 信息技术, 2012(9): 111 – 113.

[143] 赵伍西. 对多媒体辅助医学教学的思考[J]. 中国基层医药, 2006, 13(4): 689 – 690.

[144] 赵阳. 浅谈计算机硬件性能对计算机使用的影响[J]. 内蒙古科技与经济, 2018, 417(23): 79.

[145] 郑红娟. 港航、土建理实一体化模型教室建设与研究[J]. 太原城市职业技术学院学报, 2013(10): 54 – 56.

[146] 郑茸. 应用"任务驱动"教学培养师范生教育技术素养的研究[D]. 广西师范大学, 2007.

[147] 支惠. 浅谈成长共同体在英语课堂的运用[J]. 英语画刊(高级版), 2018(16): 69 – 70.

[148] 周海晶. 高职院校"翻转课堂"的探索与研究[J]. 读写算—素质教育论坛, 2017(13): 4 – 5.

[149] 周明军. 好马还需好鞍配——投影幕选购须知[J]. 微电脑世界, 2006 (5): 165 – 166.

[150] 周希良. 《三角形外螺纹的车削》教学案例[C\] // 河北省教师教育学会 2012 年中小学教师优秀案例作品展论文集. 2012.

[151] 周云康. 发动机电控技术课程的信息化教学设计与实践——以"喷油器的检测"为例[J]. 现代职业教育, 2019(3).

[152] 周正春. 主流计算机图像技术简介[J]. 企业导报, 2013(2): 271 – 272.

[153] 朱爱华. 信息化环境下大学英语自主学习教学模式探析[J]. 吉林省教育学院学报, 2014, 30(11): 70 – 72.

[154] 朱敏, 张际平. 虚拟实验室及其教学应用[J]. 实验室研究与探索, 2006, 25(5): 626 – 628.

[155] 朱晓胜. 注入清泉绽放花朵——新课程改革背景下信息技术课堂新型教学模式初探[J]. 中学教学参考, 2014(33): 109 – 110.

[156] 朱奕唯. 多媒体课件在幼儿园彩绘特色教学中的重要性分析[J]. 考试周刊, 2019(15): 189 – 190.

[157] 邹祝英, 彭文武, 罗清海, 等. 仿真教学在工程教育中的应用分析[J]. 衡阳师范学院学报, 2012, 33(1): 146 – 149.

后　记

为全面提升职业院校教师信息化教学水平，湖南教育厅在职业院校教师素质提升计划中，专门设置了职业院校教师信息化教学能力提升培训项目，目前已连续实施5年，取得了良好的效果。为了进一步规范系统化培训内容，并为广大职业院校教师持续学习提供学习资源支撑，湖南省教育科学研究院组织开发了信息化教学能力提升培训配套的"职业院校教师信息化教学能力提升培训丛书"。《信息化教学素养》是其中之一。

本书的开发，历经需求分析、框架确定、样章编写、意见征询、初稿试用、讨论修改、论证定稿等阶段，2016年在深入分析当前职业院校教师信息化教学现状和存在主要问题的基础上，经反复研讨，确定了编写基本框架，2017年形成教程初稿，并在2018年、2019年职业院校教师素质提升计划中试用，根据试用情况优化教程内容，形成定稿。全书基于认知逻辑设置编写内容，共6章，分别为认识信息化教学环境、认识信息化学习方式、认识信息化教学资源、认识信息化教学方法、解析信息化教学过程和实施信息化教学管理等，为进一步学习信息化教学技能、信息化教学设计等后续内容奠定基础。

本书由湖南省教育科学研究院职业教育与成人教育研究所组织编写。湖南铁路科技职业技术学院周庞荣、湖南铁道职业技术学院李移伦拟定了写作提纲，并负责全书统稿和详细修改。各章节分工如下：湖南铁路科技职业技术学院周庞荣编写任务1.1、任务1.2和任务2.3，吴廷焰编写任务1.3，辛芮霞编写任务1.4、任务1.5，李冬梅编写任务2.1、任务2.2，陈婕编写任务3.1至任务3.3，易斌编写任务4.1、任务4.2，任务4.4至任务4.6，谭素平编写任务4.3，王炎华编写任务5.1，葛婷婷编写任务5.2，霍芳编写任务5.3，任佳、杜佳琳编写任务6.1、任务6.2。全书由吴振峰主审。本书为湖南省职业院校教育教学改革研究重点项目"职业院校'双师型'教学团队建设研究"（项目编号ZJZD2019002）的阶段研究成果。

本书在编写过程中得到了湖南省教育厅有关领导和湖南省教育厅职业教育与成人教育处的指导和帮助，得到了湖南铁路科技职业技术学院、湖南信息职业技术学院、湖南铁道职业技术学院、湖南化工职业技术学院等单位的大力支持，在此一并表示感谢。

由于时间仓促，书中难免有疏忽和不恰当的地方，恳请读者批评指正。

编者

2020年3月